前から見た幼虫

ジャコウアゲハ

ナミアゲハ

ツマベニチョウ

モンシロチョウ

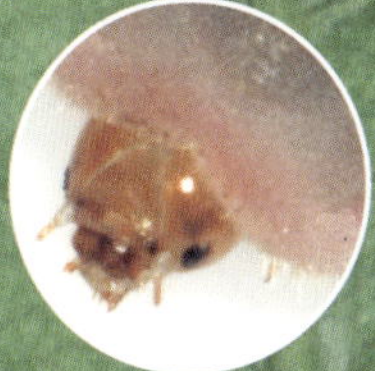
ウラギンシジミ

コミスジ

イシガケチョウ

スミナガシ

オオムラサキ

フタオチョウ

ヒメジャノメ

アオバセセリ

ヨモギエダシャク

セスジスズメ

マメドクガ

■監修
福田晴夫（元・日本蝶類学会会長）
岸田泰則（日本蛾類学会会長）

■表紙写真
安田 守

■写真
矢野高広／鈴木淳夫／鈴木知之／福田晴夫／川田光政／上山智嗣／中島秀雄
石塚正彦／阪本優介／宮城秋乃／新田敦子／村上貴文／農業・食品産業技術総合研究機構／ PIXTA ／フォトライブラリー／田口精男／吉岡史雄
学研プロダクトサポート写真室／学研プラス

■編集協力
三田敏治／早津友哉／遠山 豊

■協力
秋山忠夫／伊佐常明／石川邦彦／岩崎郁雄／大西淳夫／小倉勘三郎／小野克己
金井賢一／加峰茂喜／熊谷 隆／熊谷信晴／黒田 哲／境 良朗／寒沢正明／猿谷 淳
清水照雄／鈴木敏雄／高崎浩幸／竹井 一／田中 章／寺 章夫／山田 守／仲平淳司
二町一成／平原浩司／平林百子／平林照雄／柊田誠一郎／前田 博／松岡憲男
村上貴文／安本潤一／山本勝之／吉崎 孝／吉田幹男

■イラスト
ふらんそわ〜ず吉本

■デザイン・装丁
フロッグキングスタジオ（石黒美和）

■写真加工
小堀文彦

■校正
ぷれす／谷角素彦

■編集・レイアウト
ハユマ（小西麻衣／井沢和広
小島 響／戸松大洋）

■映像
浅原優／ shutterstock ／ fotoria ／堀岡眞人 / アフロ／田口精男／学研プラス

■企画編集
里中正紀

＜参考文献＞
『イモムシハンドブック』
（全３巻、文一総合出版）
『原色日本蝶類幼虫大図鑑Ⅰ～Ⅱ』（保育社）
『原色日本蛾類幼虫大図鑑Ⅰ～Ⅱ』（保育社）
『日本産蝶類標準図鑑』（学研教育出版）
『日本産蛾類標準図鑑Ⅰ～Ⅳ』
（学研教育出版）
『日本産幼虫図鑑』（学研教育出版）
『学研の図鑑LIVE 昆虫』（学研プラス）

学研の図鑑
LIVE
ライブ
ポケット
POCKET
幼虫
ようちゅう

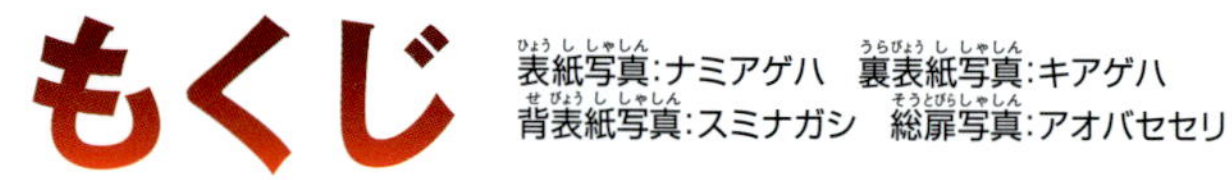

アゲハチョウのなかま（アゲハチョウ科）の幼虫………………… 36

アゲハチョウのなかまの幼虫は、実際の約60%の大きさです。

シロチョウのなかまの幼虫は、実際の約70%の大きさです。
シジミチョウのなかまの幼虫は、本当の大きさです。

シジミチョウのなかまの幼虫は、本当の大きさです。

タテハチョウのなかま（タテハチョウ科）の幼虫 71

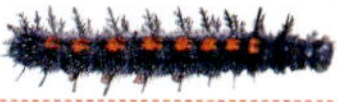

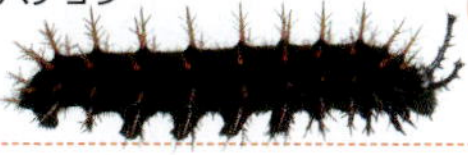

タテハチョウのなかまの幼虫は、実際の半分の大きさです。

タテハチョウのなかまの幼虫は、実際の半分の大きさです。

セセリチョウのなかま（セセリチョウ科）の幼虫 …… 96

イカリモンガ・アゲハモドキガ・カギバガのなかまの幼虫 …… 114

このページの幼虫は、実際の約60%の大きさです。

シャクガのなかま（シャクガ科）の幼虫 116

シャクガのなかまの幼虫は、実際の約60%の大きさです。

このページの幼虫は、実際の半分の大きさです。

スズメガのなかま（スズメガ科）の幼虫 …… 131

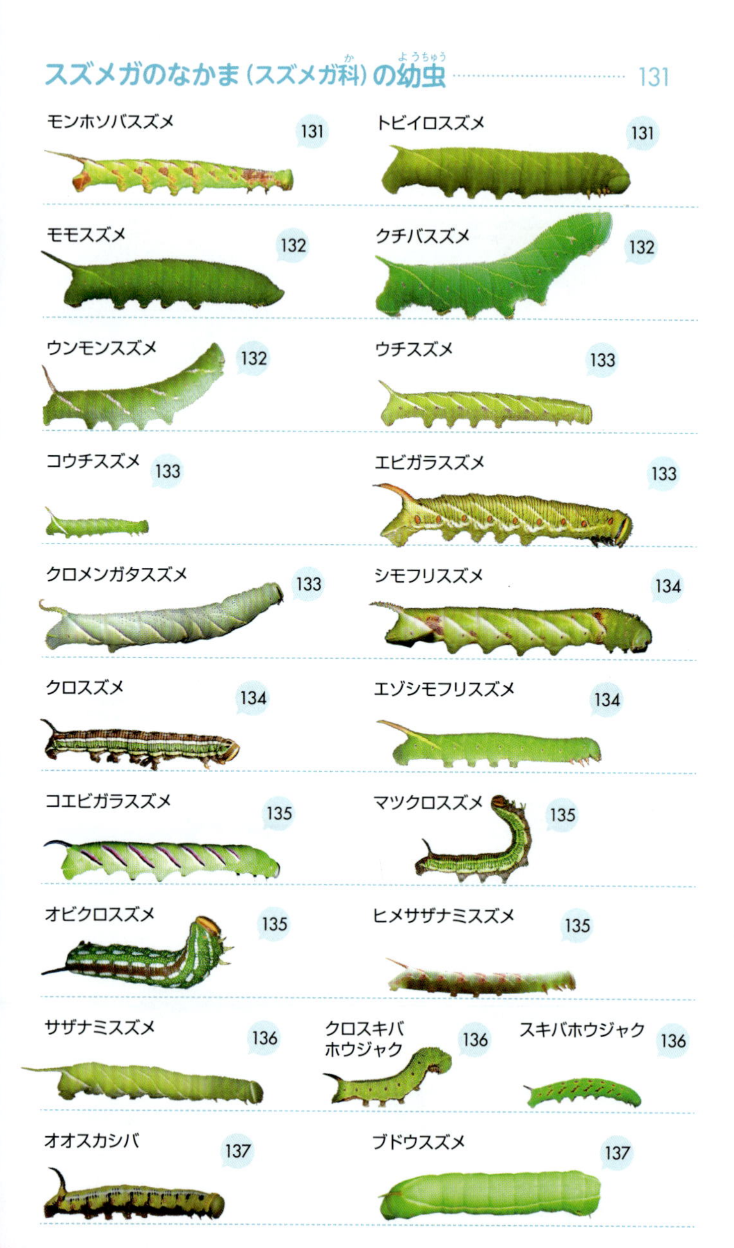

スズメガのなかまの幼虫は、実際の約40%の大きさです。

シャチホコガのなかまの幼虫は、実際の半分の大きさです。

ヒトリガのなかまの幼虫は、実際の約30%の大きさです。

ドクガとヤガのなかまの幼虫は、実際の半分の大きさです。

このページの幼虫は、実際の約60%の大きさです。

幼虫ってなに？

この本では、幼虫をしょうかいします。その幼虫とはなんでしょうか？

幼虫は成虫になっていない虫

昆虫は、成虫になりますが、成虫になっていない虫を、まだ「幼い」ということから、「幼虫」といいます。ふつう、成虫にははねがありますが、幼虫にははねがありません。一方、幼虫は脱皮して大きくなりますが、成虫はそれ以上大きくなりません。

幼虫は脱皮して大きくなります。

さなぎになる幼虫

さなぎになる昆虫は、成虫と幼虫の形が大きくちがいます。幼虫は大きく育ち、成虫はすむところを広げたり、卵をたくさんうんだりします。その役割のかわるところに、さなぎがあります。

モンシロチョウの幼虫

さなぎ　成虫♂

さなぎになる昆虫

チョウのなかま（チョウ目）、コウチュウのなかま（コウチュウ目）、ハチのなかま（ハチ目）、ハエのなかま（ハエ目）など

さなぎにならない幼虫

アカスジキンカメムシの幼虫

成虫

さなぎにならない昆虫は、トンボやカゲロウ以外は、はねがないだけで、多くは成虫と幼虫の形がほぼ同じで、生活もほぼ同じです。

さなぎにならない昆虫

カメムシのなかま（カメムシ目）、バッタのなかま（バッタ目）、トンボのなかま（トンボ目）、カゲロウのなかま（カゲロウ目）など

この本では、外で見られやすく、種がわかりやすいチョウとガの幼虫をおもにあつかいました。

この図鑑の見方と使い方

この図鑑には、日本に分布している幼虫を、チョウのなかま（チョウ目）を中心に約350種、分類ごとに掲載しています。またスマートフォンなどで幼虫の生態の動画を見ることができます。

ページの見方

特徴
体の特徴などを線で引き出して説明しています。

LIVE 発見!
発見
知っておくと楽しい観察のポイントなどを紹介しています。

豆ちしき
豆ちしき
知って得するおもしろ情報などを紹介しています。

データの見方

種名　種名は標準和名を使用しています。分類は、最新の研究にしたがっています。

体長	幼虫の体の長さ（体長）を示しています。成虫は開張、もしくは体長で示しています。
◆すんでいるところ	北海道や本州など、すんでいる（分布している）地域を示しています。
♣幼虫が食べるもの	幼虫が食べるものを示しています。
♥幼虫が見られる時期	幼虫が見られる時期を示しています。ただし、幼虫がいる時期でも見られないことがあります。
★そのほかの特徴	幼虫がすんでいる場所（環境）や、特徴などを示しています。
✹毒	毒のある幼虫を示しています。

スマートフォンで動画が見られます

1 **動画再生アプリ「ARAPPLI（アラプリ）」（無料）をダウンロードします。**
「Google Play（Play ストア）」・「App Store」で「ARAPPLI」を検索し、ダウンロードしてください。
※Android™ OS4.0未満の端末では検索にかかりません。ご注意ください。

AR ARAPPLI
▲これがARAPPLIのアイコンです。

2 **「ARAPPLI」を起動し、スマートフォンを右ページのカブトムシとノコギリクワガタの画像にかざすと、見られる動画のリストが出てきます。**

スマートフォンで動画を見よう！

スマートフォンに「ARAPPLI」をダウンロードしたら、
さっそく動画を見てみましょう。

1. このページ中央の幼虫の画像が画面に入るように、スマートフォンをかざします。
2. カタログボタンをタッチします。
3. 画面に見られる動画のリストが出ます（2ページあります）。
4. 見たい動画のタイトルをタッチします。
5. 動画が再生されます。

↑この画像にスマートフォンをかざしてください。

この図鑑で見られる動画

1. ナミアゲハのふ化
2. ナミアゲハの脱皮
3. ナミアゲハの蛹化
4. ナミアゲハの羽化
5. 食べるナミアゲハ
6. 食べるセスジスズメ
7. 威かくするセダカシャチホコ
8. カイコガのまゆづくり
9. オオゴマダラの蛹化
10. モンシロチョウ、からを食べる
11. アカタテハの巣づくり
12. 歩くシャクトリムシ
13. 歩くアケビコノハ
14. 歩くスズメガ
15. 歩くヒトリガ
16. 歩くキアゲハ
17. 臭角を出すジャコウアゲハの幼虫

※関連するところにはAR①がついています。

幼虫ってすごい！

幼虫は、大きくなり、やがて成虫になります。その間、鳥などの敵から身を守っていかなければなりません。そのため、幼虫はすごいわざをもっています。

めすは、幼虫の食草の葉に、直径1.5㎜ほどの丸い卵を産みつけます。

ふ化した1齢幼虫は、卵のからを食べてから食草の葉を食べます。

ナミアゲハの変態

幼虫の仕事は食べることです。食べて大きくなり、成虫になっても使う栄養を体にたくわえます。幼虫は大事な時期なのです。

最初ははねがちぢんでいますが、はねがのび、かわいてきます。これで飛べるようになります。

さなぎの中で成虫の体ができあがると、さなぎのからをわって、成虫が出てきます。

スマートフォンで動画を見る方法は、16～17ページを見てください。

3齢幼虫

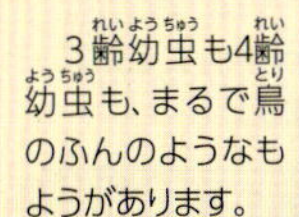

3齢幼虫も4齢幼虫も、まるで鳥のふんのようなもようがあります。

2齢幼虫

突起(出っぱり)

1齢幼虫は、長い突起がありますが、2齢幼虫は、突起が短くなります。まるで鳥のふんのようなもようです。

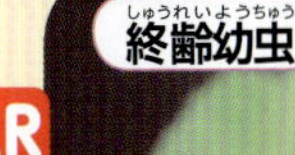

終齢幼虫

4齢幼虫が脱皮をすると、目玉もようがある緑色のいも虫になります。緑色だと鳥から見えにくくなります。食草の葉をたくさん食べ、体もどんどん大きくなります。

AR 3

さなぎ

しばらくすると、脱皮をして、さなぎになります。さなぎの中では、成虫の体ができていきます。

前蛹

終齢幼虫は、大きくなると、おしりなどを糸で固定します。

食べる!

葉を食べる

多くの種の幼虫は葉を食べます。やわらかい若葉や新芽を食べるもの、かたい葉やかれ葉を食べるものがいます。

多くの幼虫は葉を食べますが、ほかにもいろいろなものを食べます。なかには肉食のものもいます。

モンシロチョウの最初の食事

卵から出てきたら、まず卵のからを食べます。

キアゲハ

セリ科の植物の葉を食べます。

ほかの昆虫を食べる

アブラムシやアリの幼虫を食べるものもいます。

ゴイシシジミ

タケにつくアブラムシを食べます。

腹のあしはそのまま

体をのばして、胸のあしで前の方の枝をつかんで進みます。

体を曲げて、おしりのあしを、胸の方に動かします。

スマートフォンで動画を見る方法は、16~17ページを見てください。

歩く！

幼虫は飛ぶことはできません。食事をするときは、歩いて移動します。歩き方はいろいろです。チョウでは胸のあしは歩くときにはあまり使わず、葉を食べるときに使います。

順にあしをくりだして歩く

多くの幼虫は、前から順にあしをくりだして歩きます。後ろの方のあしがくりださないうちに、前のあしをくりだしていることもよくあります。

AR 14

オオスカシバ

体を曲げて歩く

胸のあしと腹のあしがはなれているものや、腹の前の方のあしがない幼虫は、胸と腹のあしの間を曲げて歩きます。

AR 13

アケビコノハ

ヨモギエダシャク

AR 12

体を大きく曲げて歩く

シャクガのなかまの幼虫は、腹のあしが後ろの4本しかありません。体を大きく曲げて歩きます。

身を守る！①

幼虫が身を守るときに、幼虫の体の色や毛など、いろいろなものが役に立ちます。

身をかくす

まわりの色に似た体の色やもようだと、鳥から気づかれにくくなります。

キタキチョウ

食べているものと同じ色だと、見つかりにくくなります。

マメキシタバ

木の幹とほとんど同じ色ともようで、見つかりにくくなっています。

ヤクシマルリシジミ

ピンクの幼虫は、赤いバラの葉にいると目立たなくなります。

スマートフォンで動画を見る方法は、16~17ページを見てください。

毛でおおう

毛虫はすべて毒をもっているように思われがちですが、毒のない毛虫の方が多くいます。毛虫は、鳥やほかの虫から食べられにくくなっています。

ヒトリガ

毒はありません。鳥が食べても毛が口にささるので、はき出してしまいます。

色・もよう

派手な色やもようのある幼虫がいますが、そのもようには意味があります。

オオゴマダラ

毒をもっているので、目立つ色をしています。毒をもつ幼虫には、派手な色のものが多くいます。

セスジスズメ

目玉もようを鳥が見ると、おどろいてしまいます。

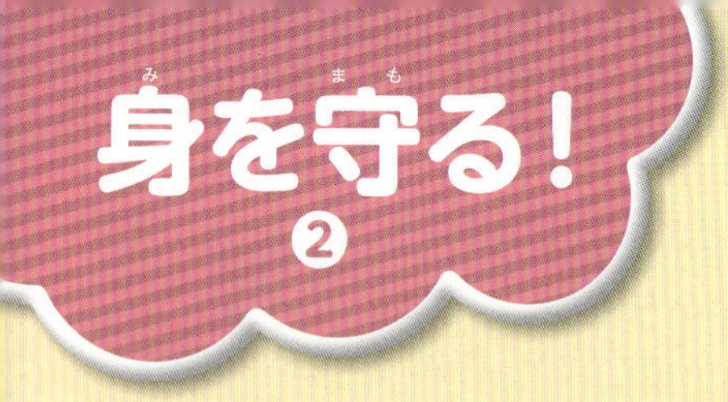

身を守る！②

幼虫は、とても弱い生き物です。鳥などから身を守るために、幼虫によって、いろいろなくふうをしています。

においを出す

おそわれたときに、変なにおいを出すものがいます。鳥におそわれる前に、鳥がこのにおいをかぐと、鳥はいやがって、飛んでいきます。

キアゲハ

3齢幼虫です。危険を感じると、胸の前からくさいにおいを出す角（臭角）を出します。

ヒメシャチホコ

危険を感じると、くさいガスを出します。出すときに、こんなポーズをします。

毒をもつ

体や毛に毒をもつものがいます。鳥は、毒をもつ幼虫を食べて体の調子がわるくなると、二度と同じ種類の幼虫を食べなくなります。

ジャコウアゲハ

幼虫は、毒のあるウマノスズクサを食べます。その毒が体にためられます。毒をもつことがまわりにわかるよう、目立つ色をしています。

チャドクガ

毛に毒があります。群れているので、敵からわかりやすくなります。

スマートフォンで動画を見る方法は、16～17ページを見てください。

おどす

敵がきたときに、動きや音で相手をおどす幼虫がいます。

セダカシャチホコ

幼虫は、おどろくと、体を上下左右に激しく動かします。

フクラスズメ

幼虫は、おどろくと、体を上下左右に激しく動かし、ギシギシと音を立てます。

巣をつくる

幼虫のなかには、巣をつくるものがいます。巣をつくると、かくれることができるだけでなく、その中で安心して葉を食べることもできます。

アカタテハ

葉をつづって巣をつくり、その中にひそみます。

コヒオドシ

3齢幼虫までは、集まってくらします。糸を張ってつくる巣でくらすので、鳥に食べられにくくなります。

幼虫をさがしてみよう！

幼虫をさがしに出かけよう！　幼虫はかくれるのが上手なものが多く なかなか見つけにくいものです。でも、見つけるコツがあります。

さがしてみよう 1 食べる木や草をさがそう

多くの幼虫は、ほぼ食べるものが決まっています。モンシロチョウは同じ野菜でも、レタスは食べません。幼虫が食べる植物をまずさがしましょう。

カタバミ

ヤマトシジミが食べます。ヤマトシジミは、シロツメクサは食べません。

シロツメクサ

ツバメシジミやモンキチョウが食べます。食べあとをさがすのは大変です。

キャベツ

モンシロチョウなどが食べます。食べあとがわかりやすい植物です。

クズ

葉を食べるものもいますが、ルリシジミのように、花を食べるものもいます。

変わった食べあとの幼虫

幼虫のなかには、それとわかる食べあとをのこすものがいます。また、巣をつくるものもいます。この食べあとや巣をめやすに、さがしてみましょう。

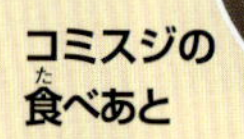

コミスジの食べあと

葉先に、切れこみがいくつかある食べあとをのこします。

さがしてみよう 2

食べあとをさがそう

幼虫は、食べたあとをのこします。葉や花などの新しい食べあとをさがしましょう。大きい幼虫の場合、たいてい地面にふんが落ちています。

ヤマトシジミの食べあと

カタバミの葉の裏から、表側の皮をのこした食べあとをつけます。裏に幼虫がいます。でも、幼虫はよく落ちるので、下になにかしいて、さがしましょう。

ツバメシジミの幼虫と食べあと

幼虫

シロツメクサの葉の裏から、穴があいた食べあとをつけます。裏に幼虫がいます。でもシロツメクサの葉は多いので、野外ではあまり見つけられません。

モンシロチョウの食べあと

キャベツの葉の外から食べたり、穴をあけて食べたりと、いろいろです。幼虫は葉の表にいることがよくあります。

ルリシジミの食べあと

クズのつぼみや花に丸い穴をあけます。ウラギンシジミ、ウラナミシジミも、同じような食べあとをのこします。

アカタテハの巣

カラムシの葉をつづって巣をつくります。

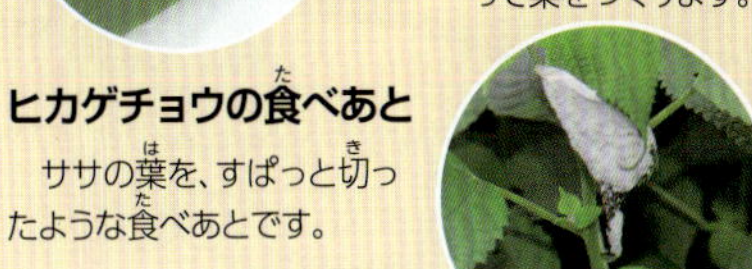

ヒカゲチョウの食べあと

ササの葉を、すぱっと切ったような食べあとです。

コチャバネセセリの巣

ササの葉脈を細長くのこして、先の方に巣をつくります。

身近で幼虫をさがそう

身近な家の庭、畑、公園などにはいろいろな植物がはえています。その植物で、幼虫をさがしてみましょう。幼虫は食べるものがおおよそ決まっていることが多いので、植物ごとに見つかる幼虫もかわってきます。

バラ

バラを食べる幼虫は多く、バラの栽培は葉をあらす幼虫との戦いです。ほかにもハマキガの幼虫などもバラの葉を食べます。

ヤクシマルリシジミ

愛知県より西の太平洋沿岸などで見られます。冬にバラで、多く見られます。

ニホンチュウレンジ

群れをつくって、葉を食べます。

ドクガ

毛に毒があります。葉を食べます。

パンジー

ヒョウモンチョウ類以外では、スミレ科を食べる幼虫はあまりいません。

ツマグロヒョウモン

パンジーを食べている幼虫は、ほとんどこの幼虫です。

ハスモンヨトウ

いろいろな植物を食べます。

庭で見つけよう❶

ツタ

ツタの葉を食べる幼虫の多くは、ブドウの葉も食べます。

コスズメ

体の色は、緑色からかっ色まであります。

ビロードスズメ

葉の裏にぶら下がって食べます。

ホウセンカ

スズメガ科の幼虫がよく見られます。

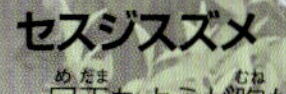

セスジスズメ

目玉もようが胸から腹までならびます。

ベニスズメ

ヘビを思いおこさせるような目玉もようとはだをしています。

庭で見つけよう②

庭にウメやクチナシなどの庭木を植えている家があります。それらの庭木にも幼虫がつきます。

ムクゲ

夏に大きな花がさきます。

フタトガリアオイガ

フヨウなども食べます。

ネズミモチ

白い花がさく、あたたかいところの木です。

シモフリスズメ

ゴマなども食べます。

イボタガ

小さな幼虫には長い突起があります。

庭で見つけよう❷

ウメ

いろいろなガの幼虫がつく木です。春の若葉には、幼虫がたくさんついています。

オオミノガ

幼虫は「みの」をせおって動きます。

ウスバツバメガ

さわると、ベタベタする液を体から出します。

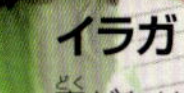

イラガ

毒があります。

モモスズメ

ほかにサクラ、モモなども食べます。

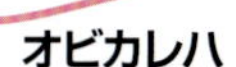

オビカレハ

小さな幼虫は糸をはった巣をつくり、集団ですごします。

クチナシ

まちの中のクチナシでは、オオスカシバの幼虫が見つかります。

オオスカシバ

体の色は、緑色のものから、かっ色の太い線が入ったものまで、いろいろいます。

畑で見つけよう

畑にはいろいろな作物が植えられています。人の家の近くの畑はあまり農薬をまかないので、幼虫を見つけやすいところです。

アブラナ

アブラナを食べる幼虫は、同じアブラナ科のキャベツ、ハクサイ、ダイコンなども食べます。

ツマキチョウ

つぼみ、花、若い実しか食べません。

ヨトウガ

いろいろな作物を食べます。

モンシロチョウ

葉の表にいます。

ニホンカブラハバチ

カブやダイコンの葉も食べます。

カブラヤガ

いろいろな作物を食べます。

畑で見つけよう

サツマイモ

サツマイモを食べる幼虫は多いですが、葉が多いので、見つけにくいものが多くいます。

エビガラスズメ

サツマイモの葉を食べます。

シロシタヨトウ

サツマイモだけでなく、いろいろな作物を食べます。

ジャガイモ

ジャガイモを食べる幼虫は、同じナス科のナスやトマトでもよく見られます。

オオタバコガ

ジャガイモだけでなく、いろいろな作物の葉を食べます。

クロメンガタスズメ

ナスやトマトも食べます。

公園で見つけよう

公園にはいろいろな木が植えられています。とくにサクラには多くの幼虫がつきます。公園にいるガの幼虫は、いろいろな植物を食べるものが多くいます。

サクラ

サクラを食べる幼虫はたくさんいます。また、同じバラ科のリンゴやナシなども食べるものが多くいます。

オオミズアオ

食べる植物の種類がとても多く、雑木林のクヌギなどでも見つかります。

クスノキ

公園などによく植えられている、一年中緑色の葉をつける木です。

アオスジアゲハ

高いところよりも、低い枝の葉でよく見つかります。若い葉を食べます。

公園で見つけよう

オオシマカラスヨトウ

いろいろな木の葉を食べます。おしりの出っぱりが目立ちます。

ウスタビガ

いろいろな木の葉を食べます。

マイマイガ

大発生して、よく話題になる毛虫です。

マテバシイ

公園などによく植えられている、一年中緑色の葉をつける木です。秋にどんぐりがなります。

クチバスズメ

カシのなかまの葉を食べます。

ムラサキツバメ

若い葉に糸をつけて、巣をつくります。多くはアリがたかっています。

アゲハチョウのなかまの幼虫

アゲハチョウのなかま（アゲハチョウ科）の幼虫は、すべてくさいにおいがする角（「臭角」といいます）を出すことができます。毛のないいも虫が多いですが、毛のはえたものもいます。

臭角

クロアゲハ

ウスバシロチョウ ☀

◆北海道～四国 ♣ムラサキケマン、エゾエンゴサク（ケシ科）など ♥早春～春 ★食べるとき以外は、かれ葉や石の下にひそみます。年1回発生し、卵で越冬します。

成虫♂

開張50～60mm

上から見たところ

本当の大きさ

約40mm

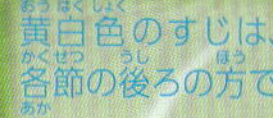

黄白色のすじは、各節の後ろの方で赤い

ヒメウスバシロチョウ ☀

◆北海道 ♣エゾエンゴサク、エゾキケマン（ケシ科）など ♥早春～春 ★春から夏に、地表のかれ葉や石などにまゆをつくってさなぎになります。年1回発生し、卵で越冬します。

成虫♂

開張約55mm

上から見たところ

本当の大きさ

約30mm

◆すんでいるところ ♣幼虫が食べるもの ♥幼虫が見られる時期 ★そのほかの特徴 ☀毒

ギフチョウ

◆本州 ♣ミヤコアオイ、ヒメカンアオイ、ウスバサイシン(ウマノスズクサ科)など ♥春～初夏 ★林やブナ林の下草にすんでいます。年1回発生し、さなぎで越冬します。

太くかたい毛が全身にはえる

成虫♂

開張50～60mm

上から見たところ

節ごとにはっきりくびれる

約35mm

黄色いもよう

ヒメギフチョウ

◆北海道、本州 ♣オクエゾサイシン、ウスバサイシン(ウマノスズクサ科)など ♥春～初夏 ★山地の林の下草にいます。年1回発生し、さなぎで越冬します。

成虫♂

開張50～60mm

上から見たところ

約30mm

ホソオチョウ ☀

◆本州、九州 ♣ウマノスズクサ、マルバウマノスズクサ(ウマノスズクサ科) ♥春～秋 ★韓国から人がもちこんだと考えられています。年2～3回発生し、さなぎで越冬します。

節ごとに4つの突起

成虫♂

開張約57mm

上から見たところ

約30mm

頭の方にある1対の長い突起

豆ちしき　ギフチョウとヒメギフチョウは、若齢幼虫(小さい幼虫)のときは、集団ですごします。

成虫♂

開張75〜100mm

ジャコウアゲハ

◆本州以南 ♣ウマノスズクサ、オオバウマノスズクサ（ウマノスズクサ科）など ♥春〜秋 ★草地や林にいます。年1〜4回発生し、さなぎで越冬します。

上から見たところ

約40mm

ベニモンアゲハ

◆奄美大島以南 ♣リュウキュウウマノスズクサ（ウマノスズクサ科）など ♥ほぼ一年中 ★若葉を食べます。

約40mm

成虫♂

開張約80mm

ジャコウアゲハは、成虫も幼虫も、堤防の土手などでよく見られます。

40～45mm

ふだんは葉の上に止まっています。

アオスジアゲハ

◆本州以南 ♣クスノキ、タブノキ（クスノキ科）など ♥春～秋 ★公園のクスノキでよく見られます。年2～3回発生し、さなぎで越冬します。

さなぎ

若齢幼虫（小さな幼虫）

卵

成虫♂

開張約60mm

ミカドアゲハ

◆本州以南 ♣オガタマノキ、タイサンボク（モクレン科）など ♥春～秋 ★神社の境内でよく見られます。葉の表に糸をはいて台座をつくります。年1～4回発生し、さなぎで越冬します。

おしりに2本の突起

黄色の中に黒い点のある目玉もよう

上から見たところ

成虫♂

開張55～90mm

約45mm

豆ちしき ミカドアゲハは、紀伊半島から南の、あたたかいところにいます。

ミカンにいる幼虫

アゲハチョウのなかまの幼虫は、どの種もよく似ていますが、体のもようなどで区別できます。

臭角は橙色

腹のあしの根元に白い点

ナミアゲハ

◆日本全土 ♣サンショウ類、ミカン類、キハダ（ミカン科）など ♥早春～秋 ★サンショウやミカンでよく見られます。年3～4回発生し、さなぎで越冬します。

成虫♂

開張70～100mm

上から見たところ

帯に白いもようがない

約55mm

臭角は赤い

クロアゲハ

◆本州以南 ♣サンショウ類、ミカン類（ミカン科）など ♥春～秋 ★まちの中や林にいます。年2～4回発生し、さなぎで越冬します。

成虫♂

開張80～120mm

上から見たところ

黒い帯がつながっている

帯に白いもようがある

約55mm

ミカンコハモグリ（ホソガ科）

◆本州以南 ♣ミカン類（ミカン科） ♥春～秋 ★ミカンの葉の中に、絵かきしたような食べあとをのこします。年5～7回発生し、成虫で越冬します。

本当の大きさは約3.5～3.8mm

成虫♂

開張5～6mm

豆ちしき ミカンコハモグリは、ホソガ科のガです。

モンキアゲハ

◆本州～沖縄島 ♣カラスザンショウ、ハマセンダン、ミカン類(ミカン科) ♥春～秋 ★まちの中や林、庭に植えたミカンなどで見られます。年2～3回発生し、さなぎで越冬します。

ナガサキアゲハ

◆本州以南 ♣ミカン類(ミカン科)など ♥春～秋 ★まちの中にいます。近年、関東地方まですむところを広げてきました。年3～4回発生し、さなぎで越冬します。

シロオビアゲハ

◆南西諸島 ♣サルカケミカン、ヒラミレモン(ミカン科)など ♥春～秋 ★まちの中で見られます。あたたかいところにいます。

キアゲハ

◆北海道〜九州 ♣ニンジン、パセリ、ミツバ、ハマボウフウ、シシウド（セリ科）など ♥早春〜秋 ★川の堤防や草原、畑などで見られます。年1〜4回発生し、さなぎで越冬します。

1齢幼虫

3齢幼虫

2齢幼虫

オナガアゲハ

◆北海道〜九州 ♣コクサギ、サンショウ類、ミカン類（ミカン科）など ♥春〜秋 ★コクサギのある林でよく見られます。年1〜3回発生し、さなぎで越冬します。

開張85〜100mm

上から見たところ

本当の大きさ 約45mm

かっ色の帯は背中でつながる
とぎれることもある

豆ちしき キアゲハの幼虫は、ニンジン、パセリでも見られます。

カラスアゲハ

◆日本全土 ♣キハダ、カラスザンショウ、ハマセンダン(ミカン科)など ♥春～秋 ★うす暗い林の中でよく見られます。年1～4回発生し、さなぎで越冬します。

腹のあしに黒いすじがない

目玉もようの下の黄色の帯は背中でつながらない

成虫♂

開張80～120mm

上から見たところ

本当の大きさ 約50mm

ミヤマカラスアゲハ

◆北海道～九州 ♣キハダ、ハマセンダン、カラスザンショウ(ミカン科)など ♥春～秋 ★林の中の開けた道などで見られます。年1～3回発生し、さなぎで越冬します。

腹のあしに黒いすじがある

目玉もようの下の黄色い帯は背中でつながる

成虫♂

開張80～130mm

上から見たところ

本当の大きさ 約50mm

カラスアゲハの成虫は、よく花にきます。山の上に集まるのを見ることもあります。

シロチョウのなかまの幼虫

シロチョウのなかま(シロチョウ科)の幼虫は、「青虫」が多いですが、長い毛がはえたものもいます。円筒形の幼虫です。

キタキチョウ

ツマキチョウ

◆北海道～九州 ♣ハタザオ類、ジャニンジン、イヌガラシ、アブラナ(アブラナ科)など ♥春～初夏 ★草地や林のまわりなどで見られます。つぼみ、花、果実を食べます。年1回発生し、さなぎで越冬します。

成虫♂
開張45～50mm

上から見たところ

本当の大きさ 約26mm

背中は白っぽい緑色で、体の横に向かって白くなる

胸のあしと腹のあしとの間が広い

成虫♂
開張40～50mm

上から見たところ

本当の大きさ 20～24mm

ヒメシロチョウ

◆北海道、本州、九州 ♣ツルフジバカマ(マメ科)など ♥春～秋 ★川の堤防や畑の近くで見られます。年2～3回発生し、さなぎで越冬します。

ツマベニチョウ

◆九州南部以南 ♣ギョボク（フウチョウボク科）♥九州で春〜秋、南西諸島で一年中 ★年3〜5回発生し、さなぎまたは幼虫で越冬します。南西諸島南部では一年中発生します。

成虫♂
開張85〜100mm

上から見たところ

本当の大きさ 約55mm

クモマツマキチョウ

◆本州 ♣ミヤマハタザオ、ヤマガラシ、ジャニンジン（アブラナ科）など ♥初夏〜夏 ★中部地方の山地にすんでいます。つぼみ、花、果実を食べます。年1回発生し、さなぎで越冬します。

ツマキチョウとくらべて毛の根元の黒い部分が目立ち、体がずんぐりしている

成虫♂
開張35〜45mm

上から見たところ

本当の大きさ 約30mm

ナミエシロチョウ

◆南西諸島 ♣ツゲモドキ（ツゲモドキ科）♥一年中 ★海岸近くの林で見られます。新芽や若葉を食べます。年に何回も発生します。

成虫♂
開張50〜60mm

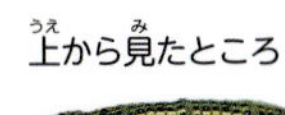
上から見たところ

本当の大きさ 約34mm

豆ちしき ツマベニチョウの幼虫は、体の前の方を上げると、ヘビのように見えます。

卵

ふ化して卵のからを食べる1齢幼虫

若齢幼虫（小さい幼虫）

モンシロチョウ

◆日本全土 ♣キャベツ、ダイコン、イヌガラシ（アブラナ科）など ♥ほぼ一年中 ★まちの中や畑で見られます。年数回発生し、さなぎで越冬します。

成虫♂

開張45〜55mm

さなぎ

終齢幼虫

節ごとに2つの黄色い点がある

上から見たところ

本当の大きさ 約28mm

体はこい緑色

毛の根元の黒い点が目立つ

スジグロシロチョウ

◆北海道〜九州 ♣タネツケバナ、イヌガラシ、ダイコン、ワサビ、アブラナ（アブラナ科）など ♥春〜秋 ★まちの中や草地、林のまわりなどにいます。年2〜4回発生し、さなぎで越冬します。

成虫♂

開張50〜60mm

上から見たところ

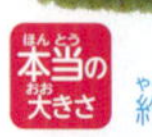
本当の大きさ 約30mm

豆ちしき スジグロシロチョウの幼虫は、畑でも見られます。

幼虫は食事のとき以外、糸でつくった巣の中で集団ですごします。

ミヤマシロチョウ

◆本州 ♣ヒロハノヘビノボラズ(メギ科)など ♥夏～春 ★中部地方の山の標高1400～1900mにすみます。年1回発生し、幼虫(おもに3齢)で越冬します。

成虫♂

開張約65mm

越冬につかう巣

上から見たところ

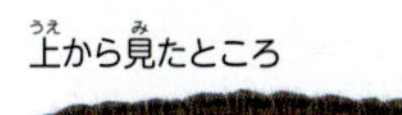

約35mm

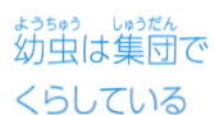
幼虫は集団でくらしている

約40mm

エゾシロチョウ

◆北海道 ♣シウリザクラ、エゾサンザシ、ボケ、ナシ(バラ科)など ♥夏～初夏 ★巣をつくり、集団でくらします。年1回発生し、幼虫(おもに3齢)で越冬します。

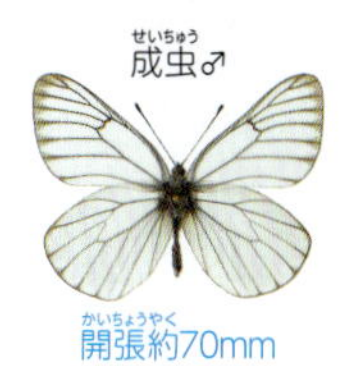

成虫♂

開張約70mm

豆ちしき ミヤマシロチョウの幼虫の巣は、鳥などから守ってくれる役目があります。

キタキチョウ

◆本州以南 ♣ネムノキ、メドハギ(マメ科)、リュウキュウクロウメモドキ(クロウメモドキ科)など ♥春～秋 ★草地や林のへり、まちの中などで見られます。年数回発生し、成虫で越冬します。

体の横にはっきりとした白い線がある

成虫♂

開張約40mm

上から見たところ

約30mm

ヤマキチョウ

◆本州 ♣クロツバラ(クロウメモドキ科) ♥春～夏 ★東北地方・関東地方・中部地方の標高800～1500mの高地にいます。年1回発生し、成虫で越冬します。

背中から体の横に向かって白くなる

成虫♂

開張約60mm

上から見たところ

40～45mm

スジボソヤマキチョウ

◆本州、四国、九州 ♣クロウメモドキ、クロツバラ(クロウメモドキ科)など ♥春～初夏 ★本州では標高200～2000mで見られます。年1回発生し、成虫で越冬します。

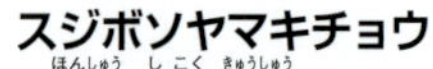

ヤマキチョウにくらべて白い帯が細い

成虫♂

開張55～62mm

上から見たところ

本当の大きさ 35～40mm

豆ちしき カワラケツメイにはツマグロキチョウの幼虫がいることがあります。

モンキチョウ

◆日本全土 ♣アカツメクサ、コマツナギ(マメ科)など ♥一年中 ★明るい草地のある公園や堤防でよく見られます。年2～6回発生し、幼虫やさなぎで越冬します。

成虫♂

開張40～50mm

上から見たところ

本当の大きさ 30～33mm

白っぽい黄色の線の上に赤橙色の点があり、線の下に黒い点がある

ウスキシロチョウ

◆南西諸島 ♣ナンバンサイカチ、タガヤサン、ハネセンナ(マメ科)など ♥春～秋 ★九州には迷蝶として飛んできます。年数回発生し、成虫で越冬します。

黒い帯の太さはいろいろ

成虫♂

開張50～60mm

上から見たところ

本当の大きさ 約42mm

モンキチョウの成虫は、早春から晩秋までいます。

シジミチョウのなかまの幼虫

シジミチョウのなかま（シジミチョウ科）の幼虫は、体が小さく、ほとんどが平たい体をしています。葉以外に、花や実を食べるものも多くいます。

ウラギンシジミ

◆本州以南 ♣フジ、エンジュ、クズ、ハマセンナ（マメ科）など ♥春〜秋 ★フジなどのつぼみや花、若い実、幼葉を食べます。年2〜4回発生し、成虫で越冬します。

上から見たところ

本当の大きさ 約20mm

背中のおしり側にパイプが2本つき出る

パイプからは、毛のたばが出る

成虫♂ 成虫♂裏 成虫♀

開張38〜40mm

ゴイシシジミ

◆北海道〜九州 ♣タケツノアブラムシ（アブラムシ類）など ♥一年中 ★植物をまったく食べない肉食性です。年2〜4回発生し、幼虫で越冬します。

黒いまだらもようがならぶ

白い粉のようなものにおおわれる

成虫♂

開張24〜30mm

成虫♂裏

上から見たところ

約10mm

ムラサキシジミ

◆本州以南 ♣アラカシ、コナラ、クヌギ(ブナ科)など ♥春～秋 ★枝先の若葉をつづって、巣をつくります。年1～4回発生し、成虫で越冬します。

上から見たところ

本当の大きさ 約18mm

成熟すると体の色は黄緑色からあわい赤紫色になる

成虫♂ 成虫♂裏 成虫♀

開張32～37mm

ムラサキツバメ

◆本州以南 ♣マテバシイ、シリブカガシ(ブナ科)など ♥春～秋 ★マテバシイのある公園でよく見られます。年2～4回発生し、成虫で越冬します。

ムラサキシジミより体が大きく、背中の中央にあるすじが目立つ

成虫♂ 成虫♂裏 成虫♀

開張35～40mm

上から見たところ

本当の大きさ 約21mm

ルーミスシジミ

◆本州、四国、九州 ♣イチイガシ、ウラジロガシ(ブナ科)など ♥春～夏 ★葉をつづって、巣をつくります。年1回発生し、成虫で越冬します。

ムラサキシジミより体が平たく、成熟しても体の色は赤っぽくならない

上から見たところ

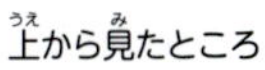

本当の大きさ 約17mm

成虫♂ 成虫♂裏

開張約32mm

豆ちしき ムラサキシジミ、ムラサキツバメの幼虫のまわりにアリが集まってきます。

開張40〜45mm

ウラゴマダラシジミ

◆北海道〜九州 ♣イボタノキ、ミヤマイボタ、ハシドイ(モクセイ科)など ♥春 ★2齢幼虫以降は葉の裏に台座をつくってくらします。年1回発生し、卵で越冬します。

上から見たところ

約18mm

チョウセンアカシジミ

◆本州 ♣デワノトネリコ(モクセイ科)など ♥春〜初夏 ★岩手・山形・新潟県にいます。年1回発生し、卵で越冬します。

成虫♂裏

開張35〜40mm

上から見たところ

本当の大きさ 約17mm

ウラキンシジミ

◆北海道〜九州 ♣トネリコ、シオジ(モクセイ科)など ♥初夏 ★幼虫は成熟すると、乗っている葉を枝から切り離して地面に落ち、さなぎになります。年1回発生し、卵で越冬します。

開張33〜40mm

上から見たところ

約18mm

豆ちしき アリが集まるシジミチョウの幼虫は、アリをめやすにさがしましょう。

アカシジミ

◆北海道〜九州 ♣コナラ、クヌギ、ミズナラ(ブナ科)など ♥春〜初夏 ★葉の裏にかくれて、じっとしていることが多いです。年1回発生し、卵で越冬します。

上から見たところ

本当の大きさ 約17mm

成虫♂

成虫♂裏

開張35〜42mm

背中に突起と赤かっ色のもようがある

ウラナミアカシジミ

◆北海道〜四国 ♣クヌギ、アベマキ、コナラ(ブナ科)など ♥初夏 ★中齢幼虫は若葉をつづった巣に、終齢幼虫は葉の裏にいます。年1回発生し、卵で越冬します。

上から見たところ

本当の大きさ 約19mm

成虫♂

成虫♂裏

開張40〜45mm

ミズイロオナガシジミ

◆北海道〜九州 ♣コナラ、クヌギ、ミズナラ(ブナ科)など ♥春〜初夏 ★雑木林で見られます。年1回発生し、卵で越冬します。

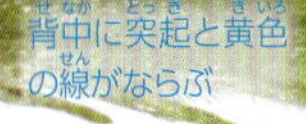

背中に突起と黄色の線がならぶ

上から見たところ

本当の大きさ 約16mm

成虫♂

成虫♂裏

開張30〜35mm

豆ちしき アカシジミ、ウラナミアカシジミのめすは、卵に毛や鱗粉をつけます。

ウスイロオナガシジミ

◆北海道、本州、九州 ♣ミズナラ、カシワ、ナラガシワ(ブナ科)など ♥初夏 ★カシワ林で多く見られ、中国地方ではナラガシワ林でよく見られます。年1回発生し、卵で越冬します。

成虫♂

成虫♂裏

開張30～35mm

上から見たところ

本当の大きさ 約16mm

背中の中央に突起とかっ色の線がある

おしりが左右にはり出している

背中に独特のもようがある

上から見たところ

本当の大きさ 約17mm

ウラミスジシジミ

◆北海道～九州 ♣コナラ、クヌギ、ミズナラ(ブナ科)など ♥初夏 ★コナラのある林でよく見られます。年1回発生し、卵で越冬します。

成虫♂　成虫♂裏

開張30～35mm

ウラクロシジミ

◆北海道～九州 ♣マンサク、マルバマンサク(マンサク科)など ♥初夏 ★若齢幼虫は若芽に、中齢幼虫は若葉に丸い穴をあけて食べます。年1回発生し、卵で越冬します。

背中の中央に緑色の線がある

成虫♂

成虫♂裏　成虫♀

開張30～35mm

上から見たところ

本当の大きさ 約16mm

体の色は黄緑色で、背中はあわい緑色

豆ちしき このページのカシワを食べる幼虫はクヌギで飼うことができます。

フジミドリシジミ

◆北海道～九州 ♣ブナ、イヌブナ(ブナ科) ♥春～初夏 ★ブナの若葉がかたくなるのに合わせて、20日ほどで成長します。年1回発生し、卵で越冬します。

成虫♂ 成虫♀ 成虫♀裏

開張30～35mm

上から見たところ

本当の大きさ 約17mm

ウラジロミドリシジミ

◆北海道～九州 ♣ナラガシワ、カシワ(ブナ科)など ♥初夏 ★西日本ではナラガシワの林、東日本ではカシワの林で見られます。年1回発生し、卵で越冬します。

背中にV字形のもようがある

成虫♂ 成虫♀ 成虫♀裏

開張30～35mm

上から見たところ

本当の大きさ 約18mm

オオミドリシジミ

◆北海道～九州 ♣コナラ、ミズナラ、クヌギ、アラカシ(ブナ科)など ♥初夏 ★低地でも山地でも見られます。年1回発生し、卵で越冬します。

上から見たところ

本当の大きさ 約19mm

成虫♂ 成虫♂裏 成虫♀

開張35～40mm

豆ちしき フジミドリシジミの幼虫は、葉などをつづって、巣をつくります。

クロミドリシジミ

◆本州、九州 ♣クヌギ、アベマキ（ブナ科）など ♥初夏 ★樹皮のさけめやくぼみなど暗いところにいます。年1回発生し、卵で越冬します。

成虫♂

成虫♂裏

開張35～40mm

上から見たところ

本当の大きさ 約19mm

すじの左右のふくらみが大きい

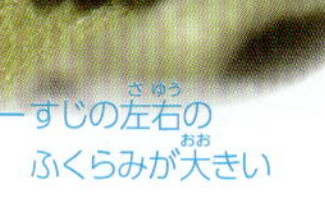

ジョウザンミドリシジミ

◆北海道、本州 ♣ミズナラ、コナラ（ブナ科）など ♥初夏 ★山地のミズナラの林で見られます。年1回発生し、卵で越冬します。

成虫♂

成虫♂裏

開張30～40mm

体の色は、紅色や紅かっ色、橙黄色、暗い黄色などがある

上から見たところ

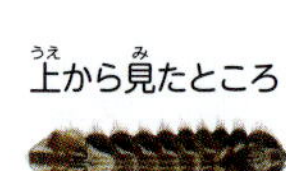

本当の大きさ 約19mm

ハヤシミドリシジミ

◆北海道、本州、九州 ♣カシワ（ブナ科） ♥初夏 ★高原の明るいカシワ林で見られます。年1回発生し、卵で越冬します。

成虫♂

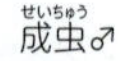

成虫♂裏

開張38～42mm

上から見たところ

体の色は、灰色や暗灰色、黒かっ色がある

本当の大きさ 約20mm

豆ちしき クロミドリシジミの幼虫は、ふだんは木の幹に止まっています。

ヒロオビミドリシジミ

◆本州 ♣ナラガシワ(ブナ科) ♥初夏 ★近畿地方・中国地方のナラガシワの多い林で見られます。年1回発生し、卵で越冬します。

成虫♂

成虫♂裏

開張34～42mm

上から見たところ

本当の大きさ

約22mm

すじの左右のふくらみが大きい

エゾミドリシジミ

◆北海道～九州 ♣コナラ、ミズナラ、クヌギ、カシワ(ブナ科)など ♥初夏 ★樹皮のさけめや枝分かれした部分、枝のくぼみなどにいます。年1回発生し、卵で越冬します。

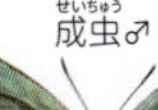

成虫♂

成虫♂裏

開張30～40mm

上から見たところ

本当の大きさ 約19mm

体の色はあわい緑色やこいかっ色などがある

ミドリシジミ

◆北海道～九州 ♣ハンノキ、ヤマハンノキ(カバノキ科)など ♥初夏 ★ハンノキなどの若葉をつづって、ふくろ状の巣をつくります。年1回発生し、卵で越冬します。

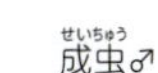

成虫♂

成虫♂裏　成虫♀

開張30～40mm

上から見たところ

本当の大きさ 約19mm

背中の中央に、暗緑色の太いすじがある

豆ちしき ミドリシジミの幼虫は、さなぎになる前に、幹の低いところに下りてきます。

上から見たところ

気門は黒く、そのまわりは青っぽい

本当の大きさ 約18mm

卵

さなぎ

メスアカミドリシジミ

◆北海道〜九州 ♣ヤマザクラ、ソメイヨシノ、エドヒガン(バラ科)など ♥初夏 ★体全体が黄色の幼虫です。山地の林にいます。年1回発生し、卵で越冬します。

成虫♂

成虫♀裏　成虫♀

開張35〜42mm

アイノミドリシジミ

◆北海道〜九州 ♣ミズナラ、コナラ、アカガシ(ブナ科)など ♥初夏 ★山地で見られます。年1回発生し、卵で越冬します。

背中にV字形のもようがある

上から見たところ

本当の大きさ 約18mm

成虫♂

成虫♀　成虫♀裏

開張35〜42mm

ヒサマツミドリシジミ

◆本州、四国、九州 ♣ウラジロガシ、イチイガシ(ブナ科)など ♥初夏 ★照葉樹林で見られます。つぼみや花を好んで食べます。年1回発生し、卵で越冬します。

上から見たところ

あわい黄かっ色のもようがある

本当の大きさ 約20mm

成虫♂

成虫♀　成虫♀裏

開張36〜37mm

豆ちしき メスアカミドリシジミの幼虫はソメイヨシノも食べるので、非常に飼いやすい幼虫です。

ベニモンカラスシジミ

◆本州、四国 ♣クロウメモドキ、キビノクロウメモドキ(クロウメモドキ科)など ♥春〜初夏 ★体の形や色はミヤマカラスシジミと似ています。年1回発生し、卵で越冬します。

気門はかっ色

成虫♂　成虫♂裏

開張26〜29mm

上から見たところ

本当の大きさ　約14mm

ミヤマカラスシジミ

◆北海道〜九州 ♣クロウメモドキ、クロツバラ(クロウメモドキ科)など ♥初夏 ★年1回発生し、卵で越冬します。

成虫♂　成虫♂裏

開張31〜33mm

こぶのようなもりあがりがある

気門は黄白色

上から見たところ

本当の大きさ　約15mm

キリシマミドリシジミ

◆本州、四国、九州 ♣アカガシ、ウラジロガシ(ブナ科)など ♥初夏〜夏 ★アカガシの葉をつづって、巣をつくります。年1回発生し、卵で越冬します。

体の色は、成熟するとあわい赤になる

成虫♂　成虫♀　成虫♀裏

開張33〜40mm

上から見たところ

本当の大きさ　約20mm

豆ちしき　ベニモンカラスシジミの見られる地域は限られています。

上から見たところ

本当の大きさ 約16mm

カラスシジミ

◆北海道～九州 ♣ハルニレ、オヒョウ、ノニレ（ニレ科）、スモモ、ウメ（バラ科）など ♥早春～初夏 ★若齢幼虫は、花にもぐりこんで食べます。年1回発生し、卵で越冬します。

成虫♂

成虫♂裏

開張28～32mm

リンゴシジミ

◆北海道 ♣スモモ、エゾノウワミズザクラ、シウリザクラ、ウメ、アンズ（バラ科） ♥初夏 ★人里や河川敷、渓流沿いの林などにいます。年1回発生し、卵で越冬します。

背中に紅色の突起がならぶ

成虫♂

成虫♂裏

開張約28mm

上から見たところ

本当の大きさ 約18mm

コツバメ

◆北海道～九州 ♣アセビ、ヤマツツジ、シャクナゲ（ツツジ科）、ガマズミ（レンプクソウ科）など ♥春～初夏 ★つぼみや花、若い実、若葉を食べます。年1回発生し、さなぎで越冬します。

体の色は、あわい緑色や赤っぽい緑色などがある

成虫♂

成虫♂裏

開張25～29mm

上から見たところ

本当の大きさ 約16mm

豆ちしき カラスシジミの幼虫は、さなぎになる前に、幹の高いところから低いところに下りてきます。

トラフシジミ

◆北海道～九州 ♣フジ、クララ(マメ科)、ウツギ(アジサイ科)、リンゴ(バラ科)など ♥春～秋 ★節ごとに大きくつき出した背中は、ほかの幼虫では見られません。年1～2回発生し、さなぎで越冬します。

成虫♂　成虫♀裏

開張32～36mm

上から見たところ

体の色は赤かっ色(左)のほか、緑色(上)のものもいます

本当の大きさ　約17mm

イワカワシジミ

◆南西諸島 ♣クチナシ(アカネ科) ♥一年中 ★つぼみ、花、実、新芽を食べます。年数回発生し、幼虫で越冬します。

開張33～36mm

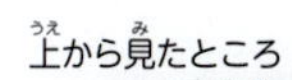

上から見たところ

本当の大きさ　約23mm

ベニシジミ

◆北海道～九州 ♣スイバ、ギシギシ(タデ科)など ♥一年中 ★明るい草地のある堤防でよく見られます。年数回発生し、幼虫で越冬します。

全身緑色のもの(左)と、背中に紅色の線があるもの(下)がいる

成虫♂　成虫♂裏

開張27～35mm

上から見たところ

本当の大きさ　約15mm

冬の終齢幼虫

豆ちしき　イワカワシジミの幼虫は、クチナシのかたい実に穴をあけてもぐりこみます。

上から見たところ

2倍の大きさ 約12mm

1齢幼虫

体の色はあわい緑色と紫紅色がある

ヤマトシジミ

◆本州以南 ♣カタバミ（カタバミ科） ♥ほぼ一年中 ★まちの中から山地まで広く見られます。年3回以上発生し、幼虫で越冬します。

さなぎ

卵

成虫♂

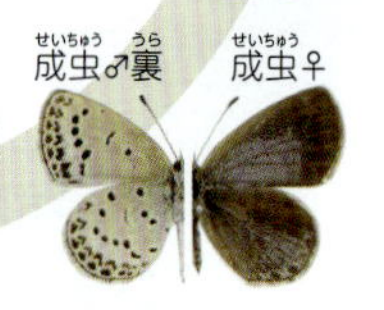
成虫♂裏　成虫♀

開張20〜29mm

シルビアシジミ

◆本州、四国、九州 ♣ミヤコグサ、シロツメクサ（マメ科）など ♥ほぼ一年中 ★草地で見られます。アリが訪れる小さな幼虫です。年4〜6回発生し、幼虫で越冬します。

成虫♂

成虫♂裏

開張20〜29mm

上から見たところ

2倍の大きさ 約11mm

豆ちしき ヤマトシジミの終齢幼虫は、カタバミの根元などにひそんでいます。

ヒメシルビアシジミ

◆南西諸島 ♣コメツブウマゴヤシ、マルバダケハギ(マメ科)など ♥一年中 ★2006年までシルビアシジミと同じ種とされていました。一年中発生します。

成虫♂

成虫♂裏

開張約20mm

上から見たところ

約8mm

ツバメシジミ

◆北海道～九州 ♣シロツメクサ、ミヤコグサ、カラスノエンドウ(マメ科)など ♥ほぼ一年中 ★道ばたや公園でよく見られます。年2回以上発生し、幼虫で越冬します。

成虫♂

成虫♀裏

開張20～30mm

上から見たところ

約12mm

タイワンツバメシジミ

◆本州、四国、九州 ♣シバハギ、タチシバハギ(マメ科)など ♥一年中 ★幼虫はつぼみ、花、種を食べます。多くのところでは、成虫は秋だけ見られ、年1回発生し、幼虫で越冬します。

成虫♂

成虫♂裏

開張20～24mm

上から見たところ

約11mm

黄緑色の地色に赤紫色のもようがある

豆ちしき タイワンツバメシジミの幼虫は、11月から次の年の7月まで、ずっとじっとしたままですごします。

クロツバメシジミ

◆本州、四国、九州 ♣ツメレンゲ、マンネングサ類（ベンケイソウ科）など ♥一年中 ★ツメレンゲを食べている場合、葉の中にもぐって、中を食べます。年3～5回発生し、幼虫で越冬します。

体の色が赤紫色の幼虫が寒い時期に見られる

成虫♂

成虫♂裏

開張22～26mm

上から見たところ

約12mm

リュウキュウウラボシシジミ

◆沖縄島、西表島 ♣ミソナオシ、トキワヤブハギ、リュウキュウヌスビトハギ（マメ科） ♥一年中 ★沖縄島では、年数回発生し、終齢幼虫で越冬します。

成虫♂

成虫♂裏

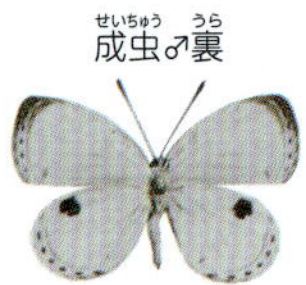

開張18～30mm

上から見たところ

約13mm

タイワンクロボシシジミ

◆南西諸島 ♣アカメガシワ、クスノハガシワ（トウダイグサ科）、アカギモドキ（ムクロジ科）など ♥一年中 ★九州南部でも見られることがあります。一年中発生しています。

成虫♂

成虫♂裏

開張約30mm

頭からおしりにかけて高さが低くなっている

約10mm

豆ちしき クロツバメシジミの幼虫は、マンネングサを食べるときは、根元にひそみます。

ヤクシマルリシジミ

◆本州以南 ♣ウバメガシ(ブナ科)、ノイバラ(バラ科)、イスノキ(マンサク科)など ♥一年中 ★新芽や若葉を食べます。一年中発生をくり返します。

成虫♂

成虫♂裏　成虫♀

開張20〜32mm

上から見たところ

約13mm

サツマシジミ

◆本州、四国、九州 ♣イヌツゲ(モチノキ科)、クロキ(ハイノキ科)、サンゴジュ(レンプクソウ科)など ♥一年中 ★九州南部でよく見られます。年4〜6回発生し、幼虫またはさなぎで越冬します。

上から見たところ

約12mm

成虫♂裏

成虫♀

開張27〜33mm

ルリシジミ

◆北海道〜九州 ♣マルバハギ、フジ、クズ(マメ科)、ミズキ(ミズキ科)、キハダ(ミカン科)など ♥春〜秋 ★林のへりなどでよく見られます。年2〜6回発生し、さなぎで越冬します。

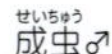

成虫♂

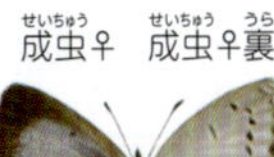

成虫♀　成虫♀裏

開張22〜23mm

上から見たところ

約13mm

豆ちしき　ルリシジミ、サツマシジミの幼虫は、ほぼつぼみ、花、幼果を食べます。

スギタニルリシジミ

◆北海道～九州 ♣トチノキ（ムクロジ科）、キハダ（ミカン科）、ミズキ（ミズキ科）♥初夏 ★渓谷沿いで見られます。つぼみや花、若葉を食べます。年1回発生し、さなぎで越冬します。

成虫♂　成虫♂裏　成虫♀

開張22～34mm

上から見たところ

約13mm

ウラナミシジミ

◆本州以南 ♣マルバハギ、ソラマメ、エンドウ、アズキ（マメ科）など ♥一年中 ★草地や畑などで見られます。年5～6回発生をくり返します。

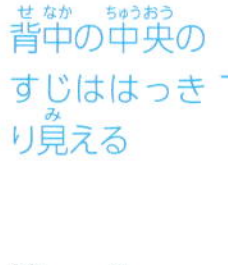

背中の中央のすじははっきり見える

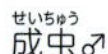

成虫♂　成虫♂裏　成虫♀

開張28～34mm

上から見たところ

約17mm

さなぎ

ヒメウラナミシジミ

◆八重山列島 ♣モダマ、クロヨナ（マメ科）、アカギ（コミカンソウ科）など ♥一年中 ★渓流沿いの林で見られます。年数回発生をくり返します。

成虫♂　成虫♂裏　成虫♀

開張21～26mm

上から見たところ

約12mm

豆ちしき　ウラナミシジミの幼虫は、エンドウなどの実にもぐりこんでいることがよくあります。

アマミウラナミシジミ

◆南西諸島 ♣モクタチバナ(サクラソウ科)、アカギ(コミカンソウ科)、ヒイラギズイナ(ズイナ科)など ♥一年中 ★若葉やつぼみを食べます。年数回発生をくり返します。

背中が節ごとにはっきりもりあがる

成虫♂

開張28〜32mm

成虫♂裏　成虫♀

上から見たところ

約12mm

成虫♂

開張約27mm

成虫♂裏　成虫♀

上から見たところ

約13mm

ルリウラナミシジミ

◆九州以南(八重山列島で定着) ♣クロヨナ、タイワンクズ、シイノキカズラ(マメ科)など ♥一年中 ★つぼみや花、若い実を食べます。一年中発生します。

クロマダラソテツシジミ

◆本州以南 ♣ソテツ(ソテツ科) ♥夏〜秋 ★ソテツの若葉を食べます。年数回発生します。最近、九州には毎年飛んできますが、冬は越せません。

上から見たところ

体の色は黄緑色や緑色などさまざま

成虫♂

開張約26mm

成虫♂裏　成虫♀

約14mm

豆ちしき　ソテツの若葉はすぐにかたくなるので、クロマダラソテツシジミの幼虫は短い期間で成長します。

ヒメシジミ

◆北海道、本州、九州 ♣マアザミ、オオヨモギ（キク科）、イワオウギ（マメ科）、オオイタドリ（タデ科）など ♥春～初夏 ★多くの地域では草原で見られます。年1回発生し、卵で越冬します。

体の色はかっ色や緑色などがある

成虫♂

成虫♂裏

開張27～31mm

上から見たところ

約13.5mm

ミヤマシジミ

◆本州 ♣コマツナギ（マメ科） ♥春～秋 ★コマツナギのある川原や堤防などの草地で見られます。年数回発生し、卵で越冬します。

約13mm

成虫♂

成虫♂裏　成虫♀

開張27～30mm

アサマシジミ

◆北海道、本州 ♣ナンテンハギ、イワオウギ、エビラフジ（マメ科）、ミツバツチグリ（バラ科）など ♥春～初夏 ★本州では関東地方・中部地方の山地の草原などで見られます。年1回発生し、卵で越冬します。

成虫♂

成虫♂裏

開張約30mm

約14.5mm

豆ちしき　ミヤマシジミ、アサマシジミの幼虫には、アリがよく集まります。

カバイロシジミ

◆北海道、本州 ♣クサフジ、ヒロハクサフジ(マメ科)など ♥夏～秋 ★草地や川原などで見られます。年1回発生し、さなぎで越冬します。

頭とおしりの方はあわい紫色、中間はあわい緑色

上から見たところ

1.5倍の大きさ 約15mm

成虫♂

成虫♂裏

開張28～33mm

ジョウザンシジミ

◆北海道 ♣ホソバノキリンソウ、キリンソウ(ベンケイソウ科) ♥春～秋 ★川岸や山地の岩場で見られます。幼虫にはアリが訪れます。年1～2回発生し、さなぎで越冬します。

成虫♂

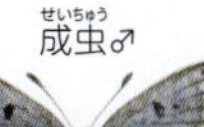

成虫♂裏

開張24～30mm

体の色は黒かっ色や暗緑色がある

上から見たところ

1.5倍の大きさ 約15mm

オオルリシジミ

◆本州、九州 ♣クララ(マメ科) ♥初夏～夏 ★つぼみや花を食べます。幼虫にはアリが訪れます。年1回発生し、さなぎで越冬します。

成虫♂

成虫♂裏　成虫♀

開張33～40mm

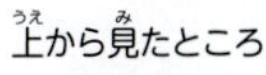

上から見たところ

1.5倍の大きさ 約17mm

アリとシジミチョウの幼虫

みつでアリを引き寄せる

シジミチョウのなかまの幼虫には、背中にみつを出すところがあります。アリがたくさんきている植物を見るとシジミチョウの幼虫がいることがあります。

ムラサキシジミ

ヒメシジミ

アリの巣にいるシジミチョウの幼虫

アリの巣の中や、アリの巣の近くで育つシジミチョウのなかまの幼虫もいます。

キマダラルリツバメは、一生アリの巣または周辺ですごします。

ゴマシジミは終齢幼虫になって、アリに巣の中へ運ばれます。巣の中でアリの幼虫を食べて育ちます。

クロシジミは、3齢幼虫のときにアリに巣につれていかれます。そこでアリから食べ物をもらいます。

ムモンアカシジミはアリの巣の中ではくらしませんが、いつもアリがまとわりついています。

タテハチョウのなかまの幼虫

タテハチョウのなかま(タテハチョウ科)の幼虫には、頭や体に角やとげのような突起をもつものが多くいます。

オオムラサキ

テングチョウ

◆日本全土 ♣エノキ、エゾエノキ、クワノハエノキ(アサ科)など ♥春～初夏
★エノキのある公園などで見られます。年1～数回発生し、成虫で越冬します。

成虫♂

開張40～50mm

上から見たところ

約25mm

コヒョウモンモドキ

◆本州 ♣クガイソウ(オオバコ科)、コシオガマ(ハマウツボ科)など ♥夏～春
★関東地方～中部地方の標高1000～2000mにある草原にいます。年1回発生し、幼虫で越冬します。

上から見たところ

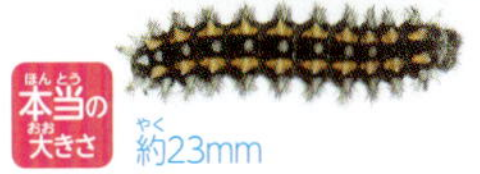

約23mm

成虫♂

成虫♀裏

開張35～45mm

ウスイロヒョウモンモドキ

◆本州 ♣オミナエシ、カノコソウ（スイカズラ科） ♥ほぼ一年中 ★近畿地方・中国地方にいますが、大変少なくなりました。年1回発生し、幼虫で越冬します。

成虫♂

開張35〜45mm

上から見たところ

約23mm

アカマダラ

◆北海道 ♣ホソバイラクサ、エゾイラクサ（イラクサ科） ♥春〜秋 ★若齢幼虫は葉を糸でつづった巣の中に群れでくらし、中齢幼虫は葉の裏で群れます。年1〜3回発生し、さなぎで越冬します。

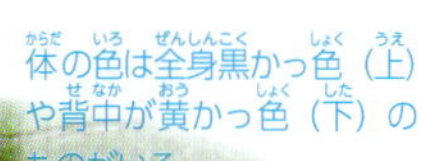

体の色は全身黒かっ色（上）や背中が黄かっ色（下）のものがいる

上から見たところ

約20mm

成虫♂

成虫♀裏

開張35〜40mm

サカハチチョウ

◆北海道〜九州 ♣コアカソ、クサコアカソ（イラクサ科）など ♥春〜秋 ★葉の裏で体を曲げ、静止します。年2〜3回発生し、さなぎで越冬します。

成虫♂　成虫♀裏

開張35〜40mm

突起の色は黒かっ色や黄かっ色がある

背中の黄色いもようが目立つ

1.5倍の大きさ　約26mm

豆ちしき　アカマダラやサカハチチョウの幼虫は、小さいうちは、集団でくらします。

ヒメアカタテハ

◆日本全土 ♣ハハコグサ、ヨモギ、ゴボウ(キク科)など ♥一年中 ★関東地方から南のあたたかい地域では越冬します。年数回発生します。

成虫♀

開張40〜50mm

幼虫の巣はヨモギの白い葉裏が目立つ

上から見たところ

約40mm

アカタテハ

◆日本全土 ♣カラムシ、ヤブマオ、イラクサ(イラクサ科)など ♥九州以北で春〜秋、南西諸島で一年中 ★葉をつづった巣の中でくらします。年2〜4回発生し、九州以北では成虫で越冬します。

成虫♂

開張約60mm

幼虫の巣

上から見たところ

約40mm

キタテハ

◆北海道〜九州 ♣カナムグラ、カラハナソウ(アサ科)など ♥春〜秋 ★まちの中や林のへりなどで見られます。年1〜数回発生し、成虫で越冬します。

成虫♂

開張50〜60mm

豆ちしき キタテハの幼虫は、葉を下に曲げて、巣をつくります。

シータテハ

◆北海道〜九州 ♣ハルニレ、アキニレ、オヒョウ(ニレ科)など ♥春〜秋 ★終齢幼虫は頭とおしりを上げて静止します。年1〜3回発生し、成虫で越冬します。

先のわかれた黄白色のとげのような突起ともようがある

成虫♂

開張45〜55mm

上から見たところ

本当の大きさ 約33mm

ヒオドシチョウ

◆北海道〜九州 ♣エノキ(アサ科)、ハルニレ(ニレ科)、エゾヤナギ(ヤナギ科)など ♥春〜初夏 ★幼虫は集団ですごします。年1回発生し、成虫で越冬します。

黄白色のもようと、黒いとげのような突起がある

上から見たところ

本当の大きさ 約45mm

成虫♂

開張60〜70mm

ヒオドシチョウの成虫。

キベリタテハ

◆北海道、本州 ♣ダケカンバ、シラカンバ(カバノキ科)、ドロノキ(ヤナギ科)など ♥春～夏 ★本州では山地にいます。年1回発生し、成虫で越冬します。

成虫♂

開張約70mm

本当の大きさ 約45mm

クジャクチョウ

◆北海道、本州 ♣カラハナソウ(アサ科)、ホソバイラクサ(イラクサ科)、ハルニレ(ニレ科)など ♥春～夏 ★本州では中部地方より北の山地で見られます。年1～2回発生し、成虫で越冬します。

本当の大きさ 約43mm

ビロードのような光沢のある黒い体

成虫♀

開張約55mm

ルリタテハ

◆日本全土 ♣サルトリイバラ(サルトリイバラ科)、ホトトギス、ヤマユリ(ユリ科)など ♥春～秋 ★若葉を食べます。体を横に曲げると花のように見えます。年1～3回発生し、成虫で越冬します。

橙色のもようと、黄白色のとげのような突起がある

成虫♂

開張50～65mm

上から見たところ

本当の大きさ 約43mm

豆ちしき 家の庭にホトトギスを植えておくと、ルリタテハの幼虫が見られることがあります。

本当の大きさ 約38mm

タテハモドキ

◆九州以南 ♣イワダレソウ(クマツヅラ科)、オギノツメ(キツネノマゴ科)など ♥九州では春〜秋、南西諸島では一年中 ★明るい草地にいます。年3〜6回発生し、九州では成虫で越冬します。

成虫♂(夏)

成虫♂裏(左：夏、右：秋)

開張55〜60mm

アオタテハモドキ

◆南西諸島 ♣キツネノマゴ(キツネノマゴ科)、イワダレソウ(クマツヅラ科)など ♥一年中 ★草地などで見られます。迷蝶として本州までやってきます。成虫で越冬します。

成虫♂

成虫♂裏

開張40〜50mm

頭の方の一部が橙色

上から見たところ

約37mm

アオタテハモドキのおすの成虫の後ろばねは、あざやかな青色です。

頭の長い突起が目立つ

約59mm

開張70～85mm

コノハチョウ

◆南西諸島 ♣セイタカスズムシソウ(キツネノアゴ科)など ♥一年中(沖縄島では春～秋) ★幼虫は葉の裏にいます。沖縄島では年3回発生し、成虫で越冬します。

リュウキュウムラサキ

◆本州以南で見られます ♣ツルノゲイトウ(ヒユ科)、キンゴジカ(アオイ科)、サツマイモ(ヒルガオ科)など ♥夏～秋 ★夏の季節風や台風にのって本州までやってくる迷蝶です。

成虫♂

成虫♀

開張70～90mm

上から見たところ

半分の大きさ 50～60mm

頭に黒くて長い突起がある

メスアカムラサキ

◆八重山列島 ♣スベリヒユ(スベリヒユ科) ♥夏～秋 ★九州では、迷蝶として季節風や台風にのってやってきて、夏から秋に一時的な発生があります。

開張60～70mm

頭の突起は短い

約45mm

豆ちしき コノハチョウの幼虫は、林の中やへりで見られます。

ホソバヒョウモン

◆北海道 ♣ミヤマスミレ、アイヌタチツボスミレ、オオタチツボスミレ、ツボスミレ（スミレ科） ♥秋～初夏 ★草原にいます。年1回発生し、幼虫で越冬します。

成虫♂

開張40～50mm

上から見たところ

本当の大きさ 約23mm

コヒョウモン

◆北海道、本州 ♣オニシモツケ、エゾシモツケ（バラ科）など ♥春～初夏 ★本州では関東地方、中部地方の山地にいます。年1回発生し、卵または幼虫で越冬します。

成虫♂

開張40～50mm

2倍の大きさ 約26mm

体の横に黄白色の太い線がある

背中の中央に2本の線がはっきり見える

ウラギンスジヒョウモン

◆北海道～九州 ♣フモトスミレ、タチツボスミレ（スミレ科）など ♥春～初夏 ★湿地周辺の草地などで見られます。年1回発生し、卵または1齢幼虫で越冬します。

成虫♂

開張55～70mm

上から見たところ

本当の大きさ 35～40mm

豆ちしき ヒョウモンチョウのなかまは、草地のチョウです。

オオウラギンスジヒョウモン

◆北海道～九州 ♣スミレ、ヒメスミレ、エイザンスミレ、ツボスミレ(スミレ科)など ♥春～初夏 ★林のふちなどの草地で見られます。年1回発生し、卵または1齢幼虫で越冬します。

成虫♂

開張60～75mm

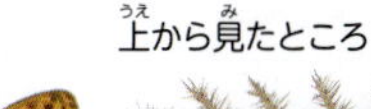

上から見たところ

本当の大きさ 40～45mm

体中の突起は、ウラギンスジヒョウモンより太くて長い

クモガタヒョウモン

◆北海道～九州 ♣ノジスミレ、スミレ(スミレ科)など ♥春～初夏 ★林やその周辺の草地で見られます。年1回発生し、1齢幼虫で越冬します。

成虫♂

開張65～75mm

上から見たところ

本当の大きさ 40～43mm

メスグロヒョウモン

◆北海道～九州 ♣ツボスミレ、エイザンスミレ、スミレ(スミレ科)など ♥春～初夏 ★林のへりの草地で見られます。本州では標高1000m以下にいます。年1回発生し、1齢幼虫で越冬します。

ビロードのような光沢のある黒い体

本当の大きさ 40～43mm

成虫♂　成虫♀

開張65～75mm

豆ちしき 大型のヒョウモンチョウは、卵からかえったばかりの1齢幼虫で越冬します。

ミドリヒョウモン

◆北海道～九州 ♣スミレ類（スミレ科）など ♥春～初夏 ★まちから山地まで広く見られます。年1回発生し、卵または1齢幼虫で越冬します。

ウラギンヒョウモン

◆北海道～九州 ♣スミレ、ミヤマスミレ（スミレ科）など ♥春～初夏 ★山地の開けた草原でよく見られます。年1回発生し、卵または1齢幼虫で越冬します。

オオウラギンヒョウモン

◆本州、四国、九州 ♣スミレ、ヒメスミレ（スミレ科）など ♥春～初夏 ★昼は下草にかくれ、夜に食事をします。年1回発生し、卵または1齢幼虫で越冬します。

豆ちしき ウラギンヒョウモンは、低い山地や、平野の堤防の草地にもいることがあります。

イシガケチョウ

◆本州(東海地方)以南 ♣イヌビワ、イチジク、ガジュマル(クワ科)など ♥九州で春〜秋、南西諸島で一年中 ★幼虫は、林のへりなどで見られます。1〜4齢幼虫をさがすめやすは、のこされてむき出しになった葉の中脈です。九州では年4〜5回発生し、成虫で越冬します。

頭に2本、背中に1本、おしりに1本、角のような突起がある

上から見たところ

約44mm

成虫♂

開張45〜55mm

ツマグロヒョウモン

◆本州以南 ♣スミレ科の野生・栽培種 ♥一年中 ★パンジーやビオラを植えた庭でよく見られます。年数回発生し、幼虫またはさなぎで越冬します。

背中の中央に太い橙色の線がある

卵

成虫♂

成虫♂裏　成虫♀

開張60〜70mm

上から見たところ

さなぎ

40〜45mm

豆ちしき　ツマグロヒョウモンの幼虫は、ポットなどのパンジーを食いつくし、道を歩いていることがあります。

スミナガシ

◆本州以南 ♣アワブキ、ミヤマハハソ、ヤマビワ（アワブキ科）など ♥初夏〜秋 ★2〜4齢幼虫はかんだ葉をつるします。年2回以上発生し、さなぎで越冬します。

成虫♂
開張55〜65mm

頭に角のような長い突起がある

上から見たところ

半分の大きさ 約55mm

ヤエヤマイチモンジ

◆八重山列島 ♣アカミズキ、コンロンカ（アカネ科） ♥一年中 ★林のふちや川沿いで見られます。

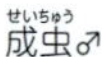

成虫♂
開張50〜65mm

上から見たところ

本当の大きさ 約30mm

橙かっ色のとげのような突起がある

ミスジチョウ

◆北海道〜九州 ♣イロハカエデ、ヤマモミジ（ムクロジ科）など ♥秋〜初夏 ★カエデで見られる、かれ葉のようなすがたの幼虫です。年1回発生し、幼虫で越冬します。

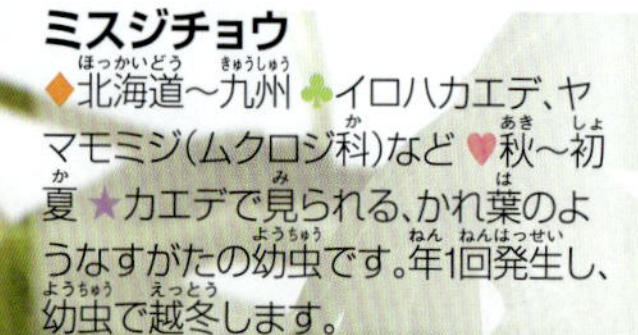
成虫♂
開張55〜70mm

ウシの角のような突起

上から見たところ

本当の大きさ 約27mm

豆ちしき スミナガシの幼虫は、中脈をのこして葉を食いちぎり、すだれのようなものを2本つくります。

オオミスジ

◆北海道、本州 ♣ウメ、スモモ、アンズ、エドヒガン(バラ科)など ♥秋〜初夏 ★山沿いで見られます。分布の南限は静岡県、愛知県です。年1回発生し、幼虫で越冬します。

成虫♂

開張65〜75mm

コミスジ

◆北海道〜九州 ♣クズ、フジ、ハリエンジュ、ヤブマメ(マメ科)など ♥一年中 ★まちの中や林のへりでよく見られます。年1〜4回発生し、幼虫で越冬します。

成虫♂

開張45〜55mm

上から見たところ

本当の大きさ 約24mm

ホシミスジ

◆本州、四国、九州 ♣シモツケ、ホザキシモツケ、イワシモツケ、ユキヤナギ(バラ科)など ♥春〜冬 ★林の周辺で見られます。年1〜3回発生し、幼虫で越冬します。

豆ちしき ホシミスジの幼虫は、人家のユキヤナギで見られることがあります。

フタスジチョウ

◆北海道、本州 ♣ホザキシモツケ、エゾシモツケ、イワシモツケ、ユキヤナギ（バラ科）など ♥秋〜春 ★中部地方ではおもに標高1000〜2100mの高地にいます。年1回発生し、幼虫で越冬します。

緑白色のもようがある

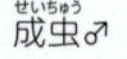

成虫♂

開張40〜50mm

上から見たところ

本当の大きさ 約23mm

イチモンジチョウ

◆北海道〜九州 ♣スイカズラ、キンギンボク、タニウツギ、ヤブウツギ（スイカズラ科）など ♥ほぼ一年中 ★林のふちや渓流沿いで見られます。年1〜4回発生し、幼虫で越冬します。

成虫♂

開張45〜55mm

上から見たところ

約25mm

アサマイチモンジ

◆本州 ♣スイカズラ、キンギンボク、タニウツギ、クロミノウグイスカグラ（スイカズラ科）など ♥ほぼ一年中 ★渓流沿いの林で見られます。青森県〜山口県にいます。年2〜4回発生し、幼虫で越冬します。

成虫♂

開張45〜55mm

上から見たところ

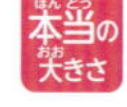

約27mm

豆ちしき イチモンジチョウ、ミスジチョウのなかまの幼虫は、葉をつづった巣の中で越冬します。

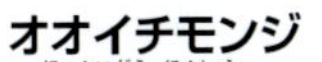

オオイチモンジ

◆北海道、本州 ♣ドロノキ、ヤマナラシ、エゾヤマナラシ(ヤナギ科) ♥秋～初夏 ★本州では高地にいます。年1回発生し、幼虫で越冬します。

成虫♂

開張70～85mm

上から見たところ

本当の大きさ 約40mm

フタオチョウ

◆沖縄島 ♣ヤエヤマネコノチチ(クロウメモドキ科)、クワノハエノキ(アサ科) ♥春～秋 ★林とそのまわりなどで見られます。年2～3回発生し、さなぎで越冬します。

頭に4本の突起がある

上から見たところ

本当の大きさ 約53mm

成虫♂

開張70～80mm

アカボシゴマダラ

◆本州、奄美群島 ♣クワノハエノキ、エノキ(アサ科) ♥奄美群島では一年中 ★本州では人がもちこんだものが定着しました。年4～5回発生し、幼虫で越冬します。

背中の突起の先は丸みがある

成虫♂

開張75～85mm

上から見たところ

本当の大きさ 約40mm

豆ちしき アカボシゴマダラの幼虫は、枝のまたになったところ、枝についたかれ葉で越冬することがあります。

ゴマダラチョウ

◆北海道～九州 ♣エノキ、エゾエノキ、クワノハエノキ（アサ科） ♥一年中 ★幼虫は、食樹の根元の落ち葉で越冬します。年1～3回発生します。

背中の3対の突起の先はとがっている

成虫♂

開張60～85mm

上から見たところ

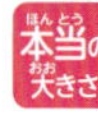

約39mm

ここに突起がない

オオムラサキ

◆北海道～九州 ♣エノキ、エゾエノキ（アサ科） ♥秋～初夏 ★山地の雑木林などで見られます。年1回発生し、幼虫で越冬します。

約57mm

越冬幼虫

成虫♂

開張75～100mm

さなぎ

コムラサキ

◆北海道～九州 ♣シダレヤナギ、マルバヤナギ、ドロノキ（ヤナギ科）など ♥一年中 ★幼虫は、樹皮のさけめや枝分かれした部分で越冬します。年3～4回発生します。

成虫♂　成虫♂裏　成虫♀

開張55～70mm

約38mm

豆ちしき ゴマダラチョウとオオムラサキの越冬幼虫は、同じ落ち葉で見つかることがあります。

体の色は赤みのあるあわいかっ色

おもに高いところにいる

ベニヒカゲ

◆北海道、本州 ♣オニノガリヤス（イネ科）、ミヤマカンスゲ（カヤツリグサ科）など ♥秋〜初夏 ★食べるとき以外は、食草の根元などにかくれています。年1回または2年に1回発生し、幼虫で越冬します。

成虫♂

開張35〜50mm

上から見たところ

本当の大きさ 約22mm

タカネヒカゲ

◆本州 ♣ヒナガリヤス（イネ科）、イワスゲ、ヒメスゲ（カヤツリグサ科） ♥一年中 ★日本産ではもっとも高いところ（標高2400〜3100m）にいます。2年に1回発生し、幼虫で越冬します。

成虫♂

開張40〜50mm

上から見たところ

本当の大きさ 約25mm

終齢幼虫の体の色には黄かっ色系と紅色系がある

ヒメヒカゲ

◆本州 ♣ヒカゲスゲ、クサスゲ、ヒメカンスゲ（カヤツリグサ科）、イチゴツナギ（イネ科）など ♥秋〜初夏 ★草地や湿地にいます。年1回発生し、幼虫で越冬します。

体の横に黄色の線がある

1.5倍の大きさ 約35mm

成虫♂

成虫♂裏

開張約35mm

ヒメウラナミジャノメ

◆北海道〜九州 ♣チヂミザサ、ススキ、ササクサ(イネ科)、ショウジョウスゲ(カヤツリグサ科)など ♥一年中 ★草地や林でふつうに見られます。年1〜4回発生し、幼虫で越冬します。

成虫♂

成虫♂裏

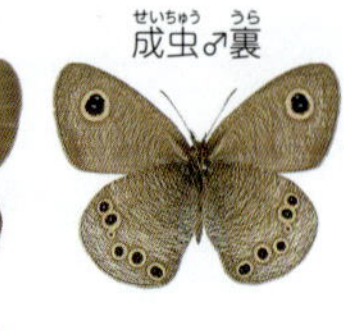

開張33〜40mm

体の色はあわい黄かっ色

上から見たところ

本当の大きさ 約24mm

ウラナミジャノメ

◆本州、四国、九州 ♣ササクサ、ススキ、イヌビエ、メリケンカルカヤ、チガヤ(イネ科)など ♥一年中 ★草地や湿地にいます。年1〜2回発生し、幼虫で越冬します。

体の色は黄緑色

上から見たところ

本当の大きさ 約24mm

成虫♂

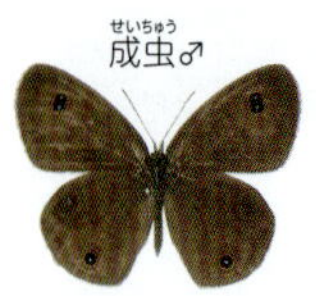

成虫♂裏

開張40〜55mm

おしりの先は2またにわかれている

2倍の大きさ 約24mm

リュウキュウウラナミジャノメ

◆沖縄島 ♣オオササガヤ(イネ科)、コゴメスゲ(カヤツリグサ科) ♥一年中 ★林のふちなどの草地で見られます。年2回発生し、幼虫で越冬します。

成虫♂

成虫♂裏

開張約38mm

豆ちしき ウラナミジャノメのなかまの幼虫は、身のまわりのイネ科の雑草を食べて育ちます。

マサキウラナミジャノメ

◆八重山列島 ♣スズメノカタビラ、ササクサ、ススキ、リュウキュウチク（イネ科） ♥一年中 ★林のふちなどの明るい草地で見られます。年4回発生し、幼虫で越冬します。

成虫♂

成虫♂裏

開張約33mm

約24mm

ヤエヤマウラナミジャノメ

◆八重山列島 ♣エダウチチヂミザサ、ササクサ、チガヤ（イネ科） ♥一年中 ★山地や湿った林などの少し暗い場所で見られます。年3回発生し、幼虫で越冬します。

上から見たところ

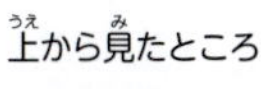

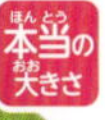

約24mm

成虫♂

成虫♂裏

開張約35mm

コジャノメ

◆本州、四国、九州 ♣チヂミザサ、アシボソ、オオアブラススキ（イネ科）など ♥一年中 ★少しうす暗い林の下草にいます。年2～3回発生し、幼虫で越冬します。

成虫♂

成虫♂裏

開張40～50mm

上から見たところ

約33mm

豆ちしき ヒメジャノメとコジャノメの幼虫は、角の長さや色、もようなどで区別できます。

ヒメジャノメ

◆北海道～九州 ♣ススキ、ジュズダマ、チガヤ（イネ科）、カサスゲ、シラスゲ（カヤツリグサ科）など ♥一年中 ★道ばたや林などの明るい場所で見られます。年2～4回発生し、幼虫で越冬します。

頭の色はかっ色

成虫♂

成虫♂裏

開張40～50mm

上から見たところ

本当の大きさ 約34mm

リュウキュウヒメジャノメ

◆南西諸島 ♣ススキ、チガヤ、エダウチチヂミザサ、ヒナヨシ、リュウキュウチク（イネ科）など ♥一年中 ★林のふちや林の中で見られます。年2～4回発生し、幼虫で越冬します。

ヒメジャノメとくらべて頭の突起が開いている

頭の色は暗かっ色と黒色がいる

上から見たところ

本当の大きさ 約33mm

成虫♂

成虫♂裏

開張40～50mm

ウラジャノメ

◆北海道、本州 ♣ヒカゲスゲ、ショウジョウスゲ（カヤツリグサ科）、クサヨシ、ヒメノガリヤス（イネ科）など ♥秋～初夏 ★山地の林のふちや草地などのうす暗い場所で見られます。年1回発生し、幼虫で越冬します。

成虫♂

成虫♂裏

開張45～50mm

体の横の白い線と、背中の白緑色の線がはっきり見える

1.5倍の大きさ 約29mm

豆ちしき ヒメジャノメの越冬幼虫は、多くはかっ色になります。

ツマジロウラジャノメ

◆北海道〜四国 ♣ヒメノガリヤス、タカネノガリヤス、カモジグサ（イネ科）など ♥一年中 ★渓谷のがけや岩がむき出しになっている場所で見られます。年1〜3回発生し、幼虫で越冬します。

おしりの先は2またにわかれている

上から見たところ

約29mm

成虫♂

成虫♂裏

開張50〜55mm

キマダラモドキ

◆北海道〜九州 ♣ススキ、カモジグサ（イネ科）、ヒカゲスゲ、ヒゴクサ（カヤツリグサ科）など ♥秋〜初夏 ★林の下草や、林近くの草地などで見られます。年1回発生し、幼虫で越冬します。

頭に小さい突起がある

上から見たところ

約40mm

成虫♂

成虫♂裏

開張50〜60mm

ジャノメチョウ

◆北海道〜九州 ♣ススキ、ノガリヤス（イネ科）、ショウジョウスゲ（カヤツリグサ科）など ♥秋〜初夏 ★林のふちの草地で見られます。年1回発生し、幼虫で越冬します。

頭に黒かっ色のもようがある

約38mm

成虫♂

成虫♂裏

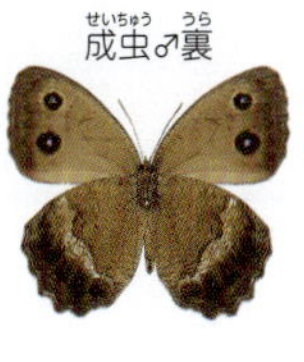

開張50〜65mm

豆ちしき ジャノメチョウの幼虫は、ススキの根ぎわにひそみます。冬も少しずつ食べているようです。

約45mm

ウスイロコノマチョウ

◆南西諸島 ♣ジュズダマ、ススキ、イネ、サトウキビ(イネ科)など ♥一年中 ★田や畑などで見られます。迷蝶が九州以北にやってきます。年数回発生し、成虫で越冬します。

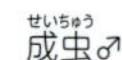

成虫♂

成虫♂裏
(左:夏、右:秋)

開張60～75mm

クロコノマチョウ

◆本州、四国、九州、奄美大島、沖縄島 ♣ススキ、ジュズダマ、ツルヨシ、ダンチク、ササキビ(イネ科)など ♥春～秋 ★林の中で見られます。年2～3回発生し、成虫で越冬します。

成虫♂

成虫♂裏
(左:夏、右:秋)

開張60～80mm

上から見たところ

約50mm

クロヒカゲ

◆北海道～九州 ♣メダケ、ゴキダケ、ネザサ、クマザサ(イネ科)など ♥秋～夏 ★少しうす暗い林で見られます。年1～4回発生し、幼虫で越冬します。

体の色は緑色系とかっ色系がある

成虫♂

成虫♂裏

開張45～55mm

上から見たところ

約35mm

豆ちしき クロヒカゲとヒカゲチョウの幼虫は草に切ったような食べあとをのこします(→P.27)。

ヒカゲチョウ

◆本州、四国、九州 ♣ゴキダケ、メダケ、クマザサ(イネ科)など ♥秋～夏 ★林やまちの中などで見られます。年1～3回発生し、幼虫で越冬します。

上から見たところ

本当の大きさ 約37mm

成虫♂

成虫♂裏

開張50～60mm

サトキマダラヒカゲ

◆北海道～九州 ♣メダケ、ネザサ、ゴキダケ(イネ科)など ♥初夏～秋 ★林の中やふちで見られます。年1～2回発生し、さなぎで越冬します。

成虫♂　成虫♂裏

開張約63mm

上から見たところ

約41mm

ヤマキマダラヒカゲ

◆北海道～九州 ♣シナノザサ、トクガワザサ、スズタケ(イネ科)など ♥初夏～秋 ★おもに山地で見られます。年1～2回発生し、さなぎで越冬します。

成虫♂

成虫♂裏

開張55～65mm

上から見たところ

本当の大きさ 約41mm

豆ちしき ヤマキマダラヒカゲの幼虫は、ススキを食べていることもあります。

アサギマダラ

◆日本全土 ♣キジョラン、イケマ、トキワカモメヅル、ツルモウリンカ、サクラランラン（キョウチクトウ科）など ♥一年中 ★越冬できる場所の北限は関東地方です。

黒い体に、白と黄色のもようがある

突起は頭とおしりに1対ずつある

卵

上から見たところ

本当の大きさ 37〜41mm

成虫♂

開張約100mm

さなぎ

オオゴマダラ

◆奄美群島以南 ♣ホウライカガミ（キョウチクトウ科） ♥一年中 ★海岸近くに多いつる性植物のホウライカガミを食べます。

黒い体に黄白色の帯と、赤いもようがある

突起は4対

成虫♂

開張約120mm

さなぎ

上から見たところ

本当の大きさ 約53mm

豆ちしき アサギマダラの幼虫の角のようなものは、動かすことができます。

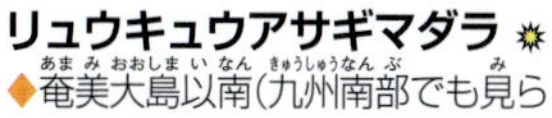

リュウキュウアサギマダラ ☀

◆奄美大島以南(九州南部でも見られます) ♣ツルモウリンカ(キョウチクトウ科) ♥一年中 ★海岸近くに多いつる性植物のツルモウリンカなどを食べます。一年中発生し、おもに成虫で越冬します。

細長い突起の根元は赤い

成虫♂

開張70〜85mm

上から見たところ

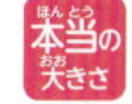

本当の大きさ 約35mm

突起は頭とおしりに1対ずつある

黒い体に、白色と黄色の細かいもようがある

突起は頭とおしりに1対ずつある

ヒメアサギマダラ ☀

◆八重山列島 ♣ヨナグニカモメヅル、ツルモウリンカ(キョウチクトウ科)など ♥一年中 ★近年、八重山列島に定着しました。

成虫♂

開張約70mm

上から見たところ

本当の大きさ 約35mm

カバマダラ ☀

◆南西諸島(九州南部でも見られます) ♣トウワタ、フウセントウワタ、ガガイモ(ガガイモ科)など ♥一年中 ★まちの中などで見られます。一年中発生し、幼虫〜成虫で越冬します。

突起は3対

白と黒のしまに、黄色のもようがある

成虫♂

開張60〜70mm

上から見たところ

本当の大きさ 約33mm

豆ちしき カバマダラの幼虫が食べるトウワタは、栽培地や墓地によくはえています。

セセリチョウのなかまの幼虫

セセリチョウのなかま（セセリチョウ科）の幼虫は、すべて巣をつくります。幼虫は巣の中にひそんでいるので見つけにくいですが、巣の形がわかれば、さがしやすい幼虫です。

ミヤマセセリ

橙色の頭に黒い点が6つある

アオバセセリ

成虫♂

開張43～49mm

◆本州以南 ♣アワブキ、ヤマビワ、ナンバンアワブキ、ヤンバルアワブキ（アワブキ科） ♥春～秋 ★アワブキなどの葉を巻いて巣をつくります。年1～4回発生し、さなぎで越冬します。

上から見たところ

本当の大きさ 約48mm

タイワンアオバセセリ

◆八重山列島 ♣コウシュンカズラ、アセロラ（キントラノオ科）など ♥一年中 ★葉を折り返してふくろ状の巣をつくります。一年中発生します。

体に黒色と黄色のしまもようがある

成虫♂

開張48～58mm

上から見たところ

本当の大きさ 約45mm

◆すんでいるところ ♣幼虫が食べるもの ♥幼虫が見られる時期 ★そのほかの特徴 ✲毒

オキナワビロウドセセリ

◆奄美大島以南 ♣クロヨナ(マメ科) ♥一年中 ★葉を巻いたり折り返したりして巣をつくります。年数回発生します。

成虫♂

開張40〜45mm

巣をつくる幼虫

上から見たところ

約35mm

キバネセセリ

◆北海道〜九州 ♣ハリギリ(ウコギ科)など ♥秋〜初夏 ★山地の林で見られます。年1回発生し、幼虫で越冬します。

本当の大きさ 約42mm

成虫♂

成虫♀

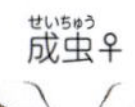

開張40〜45mm

ダイミョウセセリ

◆北海道〜九州 ♣ヤマノイモ、ナガイモ、オニドコロ(ヤマノイモ科)など ♥一年中 ★口で葉に切れ目を入れ、巻いて巣をつくります。年2〜3回発生し、幼虫で越冬します。

頭は黒色で、体の色は灰緑色

成虫♂

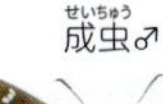

開張33〜36mm

上から見たところ

約25mm

豆ちしき タイワンアオバセセリは、八重山列島では、植えたアセロラで幼虫が見られるようになりました。

チャマダラセセリ

◆北海道、本州、四国 ♣キジムシロ、ミツバツチグリ、ミツモトソウ（バラ科）など ♥春～秋 ★草地で見られます。葉で巣をつくります。年1～3回発生し、さなぎで越冬します。

成虫♂
開張25～28mm

上から見たところ

本当の大きさ 約20mm

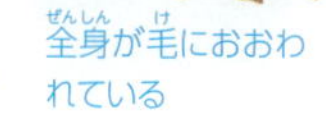
全身が毛におおわれている

ミヤマセセリ

◆北海道～九州 ♣コナラ、クヌギ、アベマキ、カシワ、ナラガシワ、ミズナラ（ブナ科） ♥初夏～早春 ★晩秋に葉をつづり合わせた巣ごと地上に落ちて、幼虫のままで越冬し、早春にさなぎになります。年1回発生します。

成虫♂
開張36～42mm

上から見たところ

本当の大きさ 約23mm

体は太く、あわい黄緑色をしている

カラフトタカネキマダラセセリ

◆北海道 ♣イワノガリヤス、オニノガリヤス（イネ科）、コメガヤ（カヤツリグサ科）など ♥秋～初夏 ★北海道東部の低地から山地にかけて見られます。年1回発生し、幼虫で越冬します。

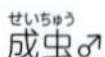
成虫♂

開張25～27mm

幼虫の巣

2倍の大きさ 約20mm

豆ちしき ミヤマセセリの幼虫は、ゆっくりと成長します。

ギンイチモンジセセリ

◆北海道～九州 ♣ススキ、チガヤ、オオアブラススキ、アブラススキ（イネ科）など ♥一年中 ★背たけの高い草地のある堤防でよく見られます。年1～3回発生し、幼虫で越冬します。

成虫♂

成虫♂裏

開張30～34mm

上から見たところ

約28mm

ホソバセセリ

◆本州、四国、九州 ♣ススキ、アブラススキ、オオアブラススキ、カリヤス（イネ科）など ♥一年中 ★1枚の葉を巻いて巣をつくります。年1～2回発生し、幼虫で越冬します。

成虫♂

開張32～37mm

キマダラセセリに似ている

頭に、八の字形のもようがある

上から見たところ

約31mm

コチャバネセセリ

◆北海道～九州 ♣クマザサ、メダケ、ヤダケ、ゴキダケ（イネ科）など ♥一年中 ★葉の先と太いすじをのこして食べ、葉の先を巻いて巣をつくります。年1～3回発生し、幼虫で越冬します。

体は暗い緑かっ色で、もようはない

黒い頭

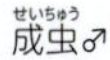

成虫♂

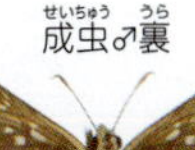

成虫♂裏

開張30～36mm

上から見たところ

約27mm

豆ちしき ギンイチモンジセセリの幼虫は、洪水のときには水につかるようなところにいます。

ヘリグロチャバネセセリ

◆北海道～九州 ♣カモジグサ、ヤマカモジグサ、クサヨシ（イネ科）、テキリスゲ（カヤツリグサ科） ♥秋～初夏 ★林近くの草地などで見られます。年1回発生し、幼虫で越冬します。

成虫♂

開張26～32mm

2倍の大きさ 約24mm

体はあわい緑色で頭は少しかっ色がまざる

ヒメキマダラセセリ

◆北海道～九州 ♣チヂミザサ、ヤマカモジグサ（イネ科）、ミヤマシラスゲ、ナルコスゲ（カヤツリグサ科）など ♥一年中 ★2枚以上の葉をつづって巣をつくります。年1～2回発生し、幼虫で越冬します。

成虫♂

開張26～30mm

上から見たところ

本当の大きさ 約27mm

コキマダラセセリの成虫は、7～8月に見られます。

コキマダラセセリ

◆北海道、本州 ♣ススキ(イネ科)、ホンモンジスゲ(カヤツリグサ科)、ヒオウギアヤメ(アヤメ科)など ♥秋～初夏 ★山地の草原で見られます。年1回発生し、幼虫で越冬します。

上から見たところ

本当の大きさ 約30mm

成虫♂

開張32～36mm

体はうすい緑色

キマダラセセリ

◆北海道～九州 ♣ススキ、エノコログサ、ジュズダマ、ゴキダケ、メダケ(イネ科)など ♥夏～春 ★林のふちなどにいます。年1～2回発生し、幼虫で越冬します。

成虫♂

開張25～32mm

上から見たところ

おしりに黒いもよう

本当の大きさ 約30mm

ホソバセセリに似ているが頭の八の字もようはとてもくっきりしている

クロボシセセリ

◆九州南部以南 ♣ヤシ類(ヤシ科) ♥一年中 ★ヤシ類が植えられた道路や公園でよく見られます。年数回発生します。

背中に走る線と気門は黒

成虫♂

開張30～38mm

成虫♂裏

上から見たところ

本当の大きさ 約30mm

豆ちしき クロボシセセリの幼虫は、かたいヤシ類の葉を巻いて巣をつくるので、見つけやすい幼虫です。

オオシロモンセセリ

◆奄美大島以南 ♣ゲットウ（ショウガ科）など ♥一年中 ★奄美群島では幼虫またはさなぎで越冬し、沖縄諸島から南では一年中発生します。

上から見たところ

成虫♂

開張43～52mm

本当の大きさ 約48mm

クロセセリ

◆本州以南 ♣ゲットウ（ショウガ科）など ♥一年中 ★低地から山地の林のふちでよく見られます。年3～4回発生し、幼虫またはさなぎで越冬します。南西諸島では一年中発生します。

上から見たところ

頭にもようがある

成虫♂

開張38～45mm

本当の大きさ 約45mm

ミヤマチャバネセセリ

◆本州、四国、九州 ♣ススキ、チガヤ、ヒメノガリヤス、アブラススキ（イネ科）など ♥ほぼ一年中 ★背たけの高い草地のある土手や堤防でよく見られます。年2～3回発生し、さなぎで越冬します。

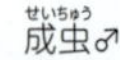

成虫♂　成虫♀裏

開張35～40mm

上から見たところ

本当の大きさ 約32mm

豆ちしき オオシロモンセセリやクロセセリの幼虫は、人里のゲットウの葉で、よく見つかります。

チャバネセセリ

◆本州以南 ♣チガヤ、ススキ、メヒシバ(イネ科)、シラスゲ、ハマスゲ(カヤツリグサ科)など ♥一年中 ★草地で見られます。年3〜4回発生し、幼虫で越冬します。

成虫♂

成虫♂裏

開張34〜37mm

上から見たところ

本当の大きさ 約30〜35mm

頭に白くふちどられた赤かっ色のもようがある

イチモンジセセリ

◆日本全土 ♣イネ、マコモ、チガヤ、ススキ、ネザサ(イネ科)、シラスゲ(カヤツリグサ科)など ♥一年中 ★イネを食べる害虫といわれています。年3〜4回発生し、幼虫で越冬します。

成虫♂

成虫♀裏

開張34〜40mm

卵

巣をつくる幼虫

頭のすぐ後ろに黒い線がある

上から見たところ

本当の大きさ 約33mm

巣の中のさなぎ

豆ちしき イチモンジセセリの幼虫は、刈った後のイネでもよく見つかります。

チョウのなかまの卵

チョウのなかまの卵は、すべすべした丸いものだけでなく、細長いもの、平たいものもあります。また突起がいっぱいあるものや、すじがあるものなど、いろいろあります。

ウスバシロチョウ

ギフチョウ

ジャコウアゲハ

ツマキチョウ

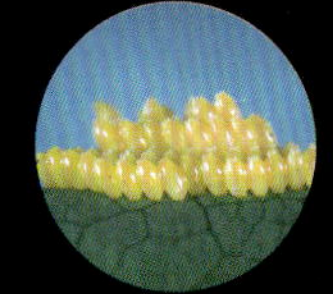
ミヤマシロチョウ

モンキチョウ

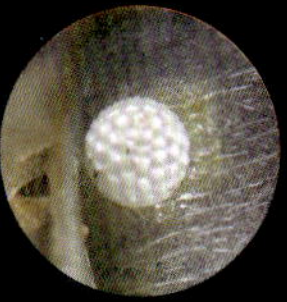
ウラギンシジミ

ミズイロオナガシジミ

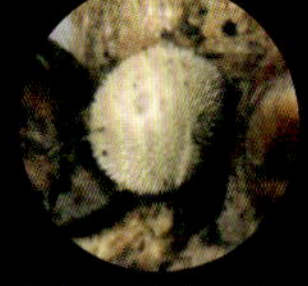
オオミドリシジミ

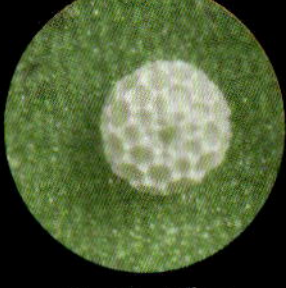
ベニシジミ

シルビアシジミ

ルリシジミ

サカハチチョウ

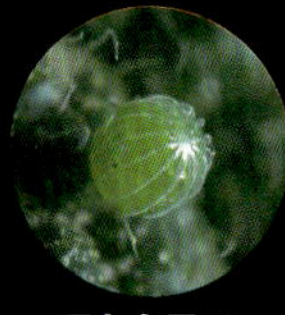
アカタテハ

オオウラギンヒョウモン

コミスジ

ヒメウラナミジャノメ

カバマダラ

キマダラセセリ

アオバセセリ

チョウのなかまのさなぎ

チョウのなかまのさなぎは、大きく2つにわかれます。ひとつは、体を胸とおしりの先で固定したもの、もうひとつはおしりの先でぶら下がるものです。

ウスバシロチョウ

ギフチョウ

ジャコウアゲハ

ツマキチョウ

ツマベニチョウ

ミヤマシロチョウ

ヤマキチョウ

モンキチョウ

ウラギンシジミ

ウラゴマダラシジミ

アカシジミ

リンゴシジミ

コツバメ

ベニシジミ

シルビアシジミ

ルリシジミ

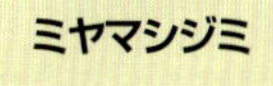
ミヤマシジミ

コヒョウモンモドキ

サカハチチョウ

アカタテハ

ヒオドシチョウ

オオウラギンヒョウモン

コミスジ

イシガケチョウ

スミナガシ

フタオチョウ

ヒメウラナミジャノメ

クロヒカゲ

カバマダラ

アオバセセリ

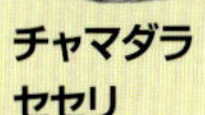
チャマダラセセリ

ダイミョウセセリ

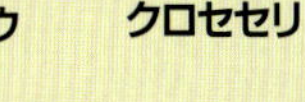
クロセセリ

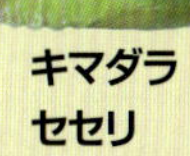
キマダラセセリ

林や草むらで幼虫をさがそう

チョウやガの幼虫が食べる草や木の葉などは、多くの種ではおおよそ決まっています。その草や木をさがしてから幼虫をさがすと、見つけやすくなります。林や草むらに、幼虫をさがしに出かけてみましょう。

アカタテハ
葉をつづって巣をつくります。

フクラスズメ
秋に見られます。

タイワンキシタアツバ
ヤブマオの葉も食べます。

草むら

カラムシでさがそう

カラムシは、林のまわりや道ばたなどで見られるイラクサ科の植物です。

堤防の土手にはえたカラムシの群落。

草むら

ヨモギでさがそう

ヨモギは堤防などの土手や、畑のあぜなどでよく見られます。ヒメアカタテハは、ヨモギの葉を数枚たばねて、巣をつくっているので、見つけやすい幼虫です。

ヒメアカタテハ

巣は葉の裏の白が目立ちます。

ヨモギエダシャク

いろいろな草の葉を食べます。

ヒメアカタテハの巣。

キクキンウワバ

ニンジンなどの葉も食べます。

ヒメシジミ

いろいろな植物を食べます。アリがたかります。

林

クズでさがそう

クズは、雑木林のへりや土手などに見られるマメ科の植物です。秋になると、赤紫色の花がさきます。花をシジミチョウのなかまの幼虫が食べます。

コミスジ
小さな幼虫は、葉のすじをのこして葉を食べます。

ウラナミシジミ
ルリシジミにくらべて、体の高さがあり、丸い体をしてます。

ウラギンシジミ
花を食べます。

ルリシジミ
体の色は、緑色からピンク色までいろいろです。花を食べます。

林のへりにはえたクズの群落。

トビイロスズメ
葉を食べます。

林

ハギでさがそう

ハギは公園などにはえている、マメ科の植物です。花を食べるものはクズも食べることもありますが、葉を食べるものには、クズを食べないものがいます。

ヒメシャチホコ
とても長いあしがあります。

オカモトトゲエダシャク
鳥のふんに似ています。

キタキチョウ
葉のすじをのこして葉を食べます。

草むら

シロツメクサでさがそう

シロツメクサは、堤防のあれ地などに多くはえる、マメ科の植物です。

モンキチョウ
葉のすじの上で休んでいることが多いです。

ツバメシジミ
葉も花も食べます。

草むら

ススキでさがそう

ススキは草むらや土手、林の中などにはえています。種によって明るい草むらのススキが好きなもの、林の中のススキが好きなものがいます。

チャバネセセリ

イネ科の植物を食べます。

ヒメジャノメ

頭にネコの耳のような角があります。

イチモンジセセリ

イネの葉を食いあらす害虫です。

ギンイチモンジセセリ

葉を巻いて巣をつくります。

ヨシカレハ

毛には毒があります。タケ、ササも食べます。

アワノメイガ

とくにトウモロコシの害虫です。

林

タケ、ササでさがそう

タケ、ササにもチョウやガの幼虫がついています。新しい食べあとがあったらさがしてみましょう。

アワヨトウ

いろいろな作物を食べる害虫です。

サトキマダラヒカゲ

夜行性で、昼間は落ち葉の中にいることが多いです。

タケカレハ

毛に毒があります。

コチャバネセセリ

葉を巻いて巣をつくります。

ヒカゲチョウ

葉の裏にいます。

林

クヌギでさがそう

クヌギは雑木林などにはえます。若葉の時期には、いろいろな幼虫がクヌギの葉を食べます。

アカシジミ
春に見られます。

ミヤマセセリ
長い間、幼虫ですごします。

ミズイロオナガシジミ
春に見られます。

クヌギカレハ
毛には毒があります。

ヤママユ
コナラなどのやわらかい葉も食べます。

ヒロヘリアオイラガ
いろいろな木の葉を食べます。毒があります。

林

エノキでさがそう

エノキには、ゴマダラチョウなどのタテハチョウ科の幼虫がいます。

テングチョウ

おどろくと糸をはいてぶら下がります。

ヒオドシチョウ

とげがいっぱいはえています。

ゴマダラチョウ

秋おそくに、体がかっ色になり、木の根元に下ります。

アカボシゴマダラ

最近、関東地方でよく見られるようになりました。

イカリモンガ・アゲハモドキガ・カギバガのなかまの幼虫

アゲハモドキガの幼虫の体は、ろうのようなものでおおわれています。

体の色はうすい黄緑色で、あごと体の横が黒い

1.5倍の大きさ 約25mm

イカリモンガ

◆北海道～九州 ♣イノデ(オシダ科) ♥春～秋
★林の下草などにあるイノデに、葉をつづって巣をつくります。年2回発生し、成虫で越冬します。

成虫♂
開張約35mm

ろう状の物質の下は、あわいかっ色の体になっている

半分の大きさ 約35mm

アゲハモドキ

◆北海道～九州 ♣ミズキ、ヤマボウシ(ミズキ科) ♥初夏～秋
★体をおおうろう状の白い物質は、食樹の葉などにつきます。年1～2回発生し、さなぎで越冬します。

成虫♂
開張55～60mm

モントガリバ

◆北海道～南西諸島 ♣エビガライチゴ、モミジイチゴなどキイチゴ類(バラ科) ♥初夏～秋
★葉の表で丸まって静止していることが多いです。年数回発生し、さなぎで越冬します。

若齢幼虫

背中に三角形のもりあがりがある

上から見たところ

本当の大きさ 約35mm

成虫♂
開張32～35mm

サカハチトガリバ

◆北海道～九州 ♣アカガシ、クヌギ、ミズナラ、カシワ（ブナ科） ♥春～初夏 ★葉をつづって巣をつくります。年1回発生し、さなぎで越冬します。

成虫♂

開張40～45mm

背中に黄色の線をはさんで黒い点が2列ならぶ

本当の大きさ 35～40mm

腹は白みがかったあわい黄色

頭のすぐ後ろが黒い

本当の大きさ 35～40mm

マユミトガリバ

◆北海道～九州 ♣クヌギ、カシワ、コナラ（ブナ科） ♥春～初夏 ★1枚または数枚の葉で巣をつくります。年1回発生し、さなぎで越冬します。

成虫♂

開張35～40mm

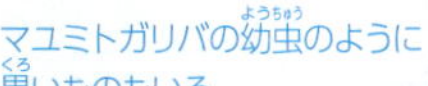
マユミトガリバの幼虫のように黒いものもいる

頭のすぐ後ろが白っぽい

気門のところに黄色いすじ

2倍の大きさ 約20mm

ホシボシトガリバ

◆北海道～九州 ♣クヌギ、ミズナラ、カシワ（ブナ科） ♥春 ★関東地方周辺では平地から山地まで、ふつうに見られます。年1回発生します。

成虫♂

開張35～37mm

ウコンカギバ

◆本州～九州 ♣クヌギ、コナラ、シイ類、カシ類（ブナ科） ♥初夏～秋 ★カシやコナラなどの雑木林でよく見られます。年3回発生し、幼虫で越冬します。

成虫♂

開張30～45mm

細長い突起が上向きに8本、おしりの先に1本ある

上から見たところ

1.5倍の大きさ 約20mm

豆ちしき モントガリバの若齢幼虫は、鳥のふんにそっくりです。

シャクガのなかまの幼虫

シャクガのなかま（シャクガ科）の幼虫は、すべて「尺取り虫」です。腹のあしが6本少ないので、腹を曲げて歩きます。

クワエダシャク

◆北海道～九州 ♣クワ（クワ科）♥春～秋 ★クワ畑などで見られます。年2回発生し、幼虫で越冬します。

クワの枝によく似ており、腹の後ろに突起がある

本当の大きさ 約70mm

成虫♂

開張38～55mm

トンボエダシャク

◆北海道～九州 ♣ツルウメモドキ（ニシキギ科）♥初夏 ★林のふちなどにあるツルウメモドキで見られます。年1回発生し、卵で越冬します。

成虫♂

開張48～58mm

黄色の体に黒い長方形のもようがならぶ

本当の大きさ 約40mm

ヒロオビトンボエダシャク

◆北海道～九州 ♣ツルウメモドキ（ニシキギ科）♥春～初夏 ★トンボエダシャクのいる木で見られることがあります。年1回発生します。

体はうすい黄色で、黒いもようは形がまばら

本当の大きさ 約40mm

成虫♂

開張48～58mm

クロクモエダシャク

◆本州〜九州、奄美群島 ♣ヒノキ（ヒノキ科） ♥春〜秋 ★ヒノキの枝にひそんで葉を食べます。年2〜3回発生し、幼虫で越冬します。

成虫♂

開張33〜45mm

節はごつごつしていて少し白くなっている

本当の大きさ 約40mm

ヨモギエダシャク

◆北海道〜九州 ♣キク、コスモス（キク科）、ダイズ（マメ科）、クワ（クワ科）、リンゴ（バラ科）など ♥春〜秋 ★庭や林、草原など広く見られます。年3〜4回発生し、さなぎで越冬します。

上から見たところ

腹の前側の部分に突起がある

成虫♂

開張37〜49mm

体の色は緑色のものから茶色に近いものまでいる

本当の大きさ 約60mm

頭が赤い

3倍の大きさ 約18mm

気門がもりあがり、黒いもようになっていることもある

ヒロバフユエダシャク

◆本州、九州 ♣カバノキ科、ブナ科、バラ科 ♥初夏 ★本州では岩手県より南で見られます。年1回発生し、さなぎで越冬します。

成虫♂

成虫♀

開張♂33〜40mm、体長♀8.5〜11mm

豆ちしき シャクトリムシの「シャク」とは、親指と中指を広げたときの長さ「尺」です。

体の横は黄色

2倍の大きさ 約35mm

チャバネフユエダシャク

◆北海道～沖縄島 ♣ヤナギ類（ヤナギ科）、イヌシデ（カバノキ科）、コナラ（ブナ科）など ♥春～初夏 ★冬に成虫になります。年1回発生し、卵で越冬します。

成虫♂

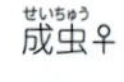

成虫♀

開張♂36～45mm、体長♀11～15mm

シロフフユエダシャク

◆北海道～九州 ♣ブナ、クリ、コナラ、ミズナラ、クヌギ、カシワ、アベマキ（ブナ科） ♥春 ★雑木林で見られます。年1回発生し、さなぎで越冬します。

成虫♂

開張21～32mm

背中に黒い横線が走っている

体に毛がはえる

2倍の大きさ 約20mm

クロスジフユエダシャク

◆北海道～九州 ♣コナラ、ミズナラ、クヌギ、アベマキ、カシワ（ブナ科）など ♥初夏 ★森や林で見られます。年1回発生し、卵で越冬します。

成虫♂

成虫♀

開張♂22～30mm、体長♀10～14mm

背中は黒色、腹は白色

黄白色でたてじまもようがあるものもいる

2倍の大きさ 約25mm

豆ちしき 幼虫がハエなどを食べるエダシャクのなかまが、ハワイ諸島にいます。

かれ枝のような色をしている

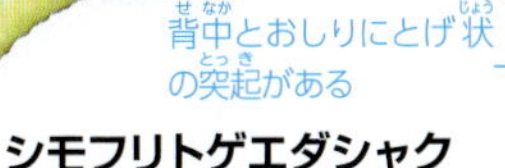

背中とおしりにとげ状の突起がある

2倍の大きさ 約40mm

シモフリトゲエダシャク

◆北海道〜九州 ♣サクラ、リンゴ(バラ科)、クヌギ、コナラ(ブナ科)、キツネヤナギ(ヤナギ科)など ♥春 ★平地から山地まで広く見られます。年1回発生し、さなぎで越冬します。

成虫♂

成虫♀

開張♂34〜48mm、体長♀11〜18mm

シロトゲエダシャク

◆北海道〜九州 ♣コナラ、クヌギ(ブナ科)、ヤナギ科、クルミ科、カバノキ科、ニレ科、バラ科など ♥初夏 ★まちや庭に植えられた木で見られます。年1回発生し、さなぎで越冬します。

体中に突起があり、そこから毛が出ている

本当の大きさ 40〜45mm

成虫♂

成虫♀

開張♂30〜38mm、体長♀11〜16mm

オカモトトゲエダシャク

◆北海道〜九州 ♣クルミ科、ブナ科、ニレ科、バラ科、マメ科など ♥春 ★頭を腹側に曲げて静止するため、鳥のふんのように見えます。年1回発生し、さなぎで越冬します。

成虫♂

開張36〜45mm

体の中央あたりに大きな突起があり、そのまわりは白くなっている

本当の大きさ 約40mm

豆ちしき シャクガの幼虫には、オカモトトゲエダシャクのように、ほかのものに似ているものがいます。

チャエダシャク

◆本州～九州、沖縄島 ♣クルミ科、ブナ科、バラ科、ミカン科、クワ科、リョウブ科など ♥春 ★雑木林でよく見られます。チャの害虫とされています。年1回発生し、卵で越冬します。

成虫♂

開張39～45mm

おしりの近くに小さな突起がある

体の前の方で白い点が列のようになっている

55～60mm

体に小さなつぶがたくさんついている

頭に2つの角のような突起がある

トビモンオオエダシャク

◆日本全土 ♣ブナ科、ニレ科、バラ科、マメ科、ニシキギ科など ♥春～秋 ★昼間は体をまっすぐのばして静止するため、枝のように見えます。年1回発生し、さなぎで越冬します。

成虫♂

開張50～80mm

80～90mm

気門のまわりが黒いもようになっている

体の色は白で、背中だけ暗い灰色のものもいる

1.5倍の大きさ 約35mm

ニトベエダシャク

◆本州～九州 ♣サクラ類(バラ科)、アラカシ(ブナ科)、クワ(クワ科)など ♥春～初夏 ★白い体を横に曲げて静止するため、ハバチの幼虫のように見えます。年1回発生し、卵で越冬します。

成虫♂

開張29～36mm

豆ちしき じっとしていると、木の枝のように見えるシャクガの幼虫は、クワエダシャクの幼虫も有名です。

アトジロエダシャク

◆本州、九州 ♣サクラ(バラ科)、ナラ、クヌギ、クリ(ブナ科) ♥春～初夏 ★平地から山地まで広く見られます。年1回発生し、さなぎで越冬します。

成虫♂

開張37～45mm

本当の大きさ 約38mm

体の横にある黒い線は、頭からおしりまで、ほとんど切れない

体の色は黄色や白色など

本当の大きさ 約50mm

ヒメノコメエダシャク

◆北海道～九州 ♣ブナ科、バラ科、カバノキ科、ニレ科、ツツジ科など ♥春～夏 ★いろいろな広葉樹の葉を食べます。年1回発生し、卵で越冬します。

成虫♂

開張47～53mm

クロモンキリバエダシャク

◆本州～九州 ♣ブナ科、タデ科、フサザクラ科、クスノキ科、バラ科、モクセイ科など ♥初夏～夏 ★頭に先の枝分かれした1対の細長い突起があります。年1回発生し、さなぎで越冬します。

成虫

開張32～40mm

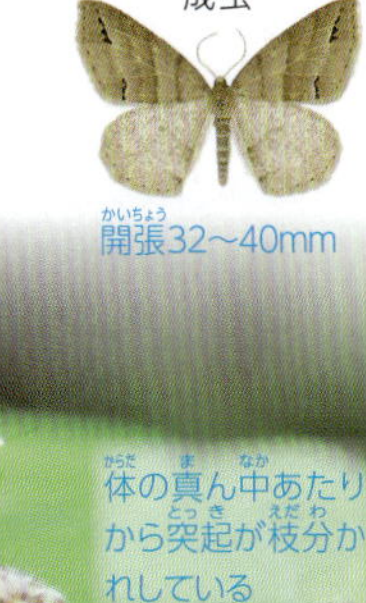

体の真ん中あたりから突起が枝分かれしている

体の色は緑色やかっ色、黒色に近いものもいる

2倍の大きさ 約40mm

豆ちしき エダシャクのなかまの幼虫には、クロモンキリバエダシャクのほかにも、かわった形のものが見られます。

本当の大きさ 約45mm

エグリヅマエダシャク

◆本州～九州、奄美群島 ♣ブナ科、バラ科、ツバキ科、ミズキ科、ツツジ科、スイカズラ科 ♥一年中 ★平地から山地まで広く見られます。年2回発生し、幼虫またはさなぎで越冬します。

成虫♂

開張42～49mm

モミジツマキリエダシャク

◆本州～九州 ♣ヤマモミジ、ハウチワカエデ、イタヤカエデ（ムクロジ科）など ♥春～夏 ★年2回発生し、さなぎで越冬します。

成虫♂

開張20～34mm

体の色は緑色からかっ色までさまざま

1.5倍の大きさ 約40mm

シロオビフユシャク

◆北海道～九州 ♣サクラ類（バラ科）、コナラ（ブナ科）など ♥春～初夏 ★平地から山地まで見られます。年1回発生し、卵で越冬します。

成虫♂

開張♂30～38mm

2倍の大きさ 20～25mm

背中に三角形のもようがならんでいる

体の色は灰色から赤かっ色まである

豆ちしき シャクガのなかまの幼虫は、緑色のもの、かっ色のものが多くいます。

クロオビフユナミシャク

◆北海道〜九州 ♣クマシデ、アカシデ（カバノキ科）、イヌブナ、クヌギ、カシワ、アラカシ、シラカシ（ブナ科）など ♥春〜秋 ★平地から山地まで広く見られます。年1回発生し、卵で越冬します。

開張22〜36mm

ウスバフユシャク

◆北海道〜九州 ♣ブナ科、ニレ科、バラ科、カエデ科、カキノキ科など ♥春 ★平地から山地まで見られます。年1回発生し、成虫で越冬します。

成虫♂

成虫♀

開張♂21〜30mm、体長♀9〜10mm

クロスジアオシャク

◆本州、四国、九州 ♣クリ、クヌギ、アラカシ（ブナ科）など ♥初夏〜夏 ★平地から山地まで広く見られます。年1回発生し、幼虫で越冬します。

開張45〜53mm

豆ちしき アオシャクのなかまの幼虫は、植物にいると、なかなか見つかりません。

ヤママユガのなかまの幼虫

ヤママユガのなかま（ヤママユガ科）の幼虫は、すべてまゆをつくります。大きくて、ぷにゅぷにゅしたものが多いですが、クスサンのように毛虫もいます。

オオミズアオ

オオミズアオ

◆北海道～九州 ♣カバノキ、ハンノキ（カバノキ科）、ブナ、クリ（ブナ科）など ♥春～初夏 ★雑木林にいますが、公園で見られることもあります。年1回発生し、さなぎで越冬します。

まゆの中のさなぎ

まゆ

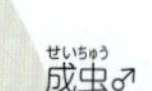

成虫♂

開張70～100mm

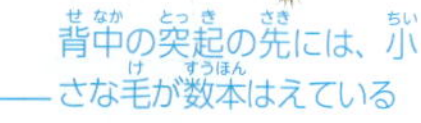

背中の突起の先には、小さな毛が数本はえている

本当の大きさ 約50mm

若齢幼虫

卵

体に黒い点が
まばらにある

本当の大きさ 約50mm

シンジュサン

◆本州以南 ♣ニワウルシ(ニガキ科)、キハダ(ミカン科)など ♥初夏〜秋 ★シンジュの葉を食べることから、この名前がつきました。年1〜2回発生し、さなぎで越冬します。

成虫♂

開張110〜140mm

ヤママユ

◆本州以南 ♣クヌギ、コナラ、カシワ(ブナ科)、リンゴ(バラ科)など ♥春〜初夏 ★雑木林で見られます。年1回発生し、卵で越冬します。

成虫

開張115〜150mm

体に黄色の線が走り、
おしりのかっ色もよ
うにつながっている

55〜70mm

クスサン

◆本州以南 ♣クヌギ、コナラ(ブナ科)、リンゴ(バラ科)など ♥初夏〜夏 ★大発生することがあります。シラガタロウともよばれます。年1回発生し、卵で越冬します。

成虫

開張100〜130mm

背中に白く長い毛が
たくさんはえている

半分の大きさ 約100mm

体の横に青色の気
門がならんでいる

豆ちしき ヤママユガのなかまのまゆから、昔は絹糸をとっていました。

ヒメヤママユ

◆北海道～九州 ♣サクラ、ウメ（バラ科）、サンゴジュ（レンプクソウ科）、クヌギ（ブナ科）など ♥春～初夏 ★体には水色の毛が密生しています。年1回発生し、卵で越冬します。

成虫♂
開張♂85～90mm、♀90～105mm

70%の大きさ 約60mm

ウスタビガ

◆北海道～九州 ♣クヌギ、コナラ（ブナ科）、サクラ（バラ科）、ケヤキ（ニレ科）など ♥初夏～夏 ★幼虫の体にふれると、キーキーと音をたてます。年1回発生し、卵で越冬します。

本当の大きさ 約60mm

成虫♂
開張♂75～90mm、♀80～110mm

エゾヨツメ

◆北海道～九州 ♣カバノキ、ハンノキ（カバノキ科）、ブナ、クリ（ブナ科）、など ♥春～初夏 ★若齢幼虫には細長い突起があります。年1回発生し、さなぎで越冬します。

成虫♂
開張♂約70mm、♀90～100mm

若齢幼虫

本当の大きさ 約50mm

豆ちしき エゾヨツメの若齢幼虫には、背中に5本の突起があります。

カイコガのなかまなどの幼虫

カイコガ

カイコガは、まゆから絹糸をとる家畜です。

オビガ(オビガ科)

◆北海道～九州 ♣ハコネウツギ、ニシキウツギ(スイカズラ科)など ♥初夏～秋 ★上半身を激しく振動させて相手をおどします。暖地では年2回発生し、さなぎで越冬します。

体全体がふさふさとした毛でおおわれている

本当の大きさ 約50mm

成虫♂

開張45～59mm

イボタガ(イボタガ科)

◆北海道～九州 ♣イボタノキ、モクセイ、トネリコ(モクセイ科) ♥春～初夏 ★1～4齢幼虫には背中に8本の細長い突起があります。年1回発生し、さなぎで越冬します。

体には黒いまだらもようがちらばっている

気門のまわりには黒い線が走っている

上から見たところ

半分の大きさ 70～100mm

成虫♂

開張80～115mm

若齢幼虫

オオクワゴモドキ

◆北海道～九州 ♣カエデ類（ムクロジ科）♥初夏～秋 ★葉の裏で、背中を反らせて静止します。年2回発生します。

成虫♂
開張38～46mm

約40mm

クワコ

◆北海道～トカラ列島 ♣ヤマグワ、クワ（クワ科）♥春～夏 ★刺激を受けると胸部をふくらませます。年2回発生し、卵で越冬します。

成虫♂
開張32～45mm

正面から見たところ

本当の大きさ 約35mm

カイコガ

◆養蚕で飼育 ♣クワ（クワ科）♥春～秋 ★まゆから絹糸をつくるために飼育されています。年1～数回発生し、卵で越冬します。

まゆ

成虫♂
開張30～45mm

産卵

おしりに小さな突起がある

背中にC字形のかっ色もようがついている

約70mm

豆ちしき カイコガの祖先は、中国のクワコといわれています。

カレハガのなかまの幼虫

カレハガのなかま（カレハガ科）の幼虫は、すべて毛虫です。毒をもっているものもいます。

タケカレハ ✹

◆北海道〜九州 ♣タケ、ササ、ススキ、ヨシ、クマザサ（イネ科） ♥夏〜秋 ★冬には、食草周辺の下草などにかくれて、越冬します。年2回発生し、幼虫で越冬します。

1.5倍の大きさ 約60mm

全身が細い毛におおわれ、頭からおしりにかけて、黒色の毛がはえている

成虫♂

開張約40mm

ヨシカレハ ✹

◆北海道〜九州 ♣ヨシ、クマザサ、ススキ（イネ科） ♥初夏〜夏 ★タケカレハの幼虫とは、頭部の色で区別できます。年1回発生します。

成虫♂

開張♂45〜60mm、♀50〜80mm

頭のすぐ後ろには、青黒い毛のかたまりが2つある

本当の大きさ 約60mm

クヌギカレハ ✹

◆日本全土 ♣クヌギ、コナラ、クリ（ブナ科）、アカシデ（カバノキ科）など ♥春〜夏 ★幼虫は3〜4か月かけて成長します。年1回発生し、卵で越冬します。

成虫♂

開張♂60〜70mm、♀85〜110mm

頭とおしりには黒いもようがついている

半分の大きさ 85〜100mm

オビカレハ

◆北海道〜九州 ♣ウメ、サクラ、モモ、リンゴ、バラ（バラ科）、ヤナギ類（ヤナギ科）など ♥春 ★家の庭やまちの木などに集団であらわれます。年1回発生し、卵で越冬します。

本当の大きさ 約60mm

成虫♂

開張30〜45mm

LIVE 発見！

ガのなかまのまゆ

ガのなかまには、口からはいた糸でまゆをつくるものがいます。まわりの葉などをかんたんにまとめたものから、イラガやウスタビガのように、かたいまゆをつくるものなど、種によっていろいろなまゆがあります。

オビガ

アケビコノハ

タケカレハ

クスサン

クワコ

イラガ

リンゴコブガ

ウスタビガ

豆ちしき オビカレハの幼虫は、糸で巣をつくり、その中で群れてすごします。

スズメガのなかまの幼虫

スズメガのなかま(スズメガ科)の幼虫には、すべておしりに1本の角があります。またすべて「いも虫」型で、毛虫はいません。目にしやすいいも虫です。

オオスカシバ

モンホソバスズメ

◆北海道～九州 ♣オニグルミ、サワグルミ(クルミ科) ♥春～夏 ★山地では年1回、本州の低地では年2回発生します。

成虫♂
開張85～100mm

背中のもようがないものもいる

頭の近くは細くなっている

60%の大きさ 70～80mm

トビイロスズメ

◆本州～九州、沖縄島 ♣ダイズ、エンジュ、ハギ、クズ、フジ(マメ科)など ♥秋 ★フジやハギのある庭や草地などで見られます。年1回発生し、幼虫で越冬します。

成虫♂
開張100～110mm

小さなおしりの角は丸く曲がっている

上から見たところ

60%の大きさ 80～90mm

頭は丸い

モモスズメ

◆北海道～九州 ♣ウメ、モモ（バラ科）、ニシキギ（ニシキギ科）、ツゲ（ツゲ科）など ♥初夏～秋 ★ウメやサクラのある庭などで見られます。年2回発生し、さなぎで越冬します。

クチバスズメ

◆北海道～九州、沖縄島 ♣コナラ、クヌギ、クリ、アラカシ（ブナ科）など ♥夏～秋 ★コナラなどの葉を食べる大型の幼虫です。年2回発生し、さなぎで越冬します。

ウンモンスズメ

◆北海道～九州 ♣ケヤキ、ハルニレ、アキニレ（ニレ科） ♥初夏～秋 ★街路樹のケヤキなどで見られます。年2回発生し、さなぎで越冬します。

豆ちしき スズメガの終齢幼虫は、体が重いので、枝にぶら下がっていることが多くあります。

気門のまわりが
赤紫色になって
いることがある

90%の大きさ 70〜80mm

成虫♂
開張70〜100mm

ウチスズメ

◆北海道〜九州 ♣シダレヤナギ(ヤナギ科)、サクラ(バラ科)、シラカンバ(カバノキ科)など ♥初夏〜秋 ★公園や川沿いに植えられたシダレヤナギで見られます。年2回発生し、さなぎで越冬します。

コウチスズメ

◆本州、四国、九州 ♣ドウダンツツジ、サラサドウダン(ツツジ科)など ♥夏〜秋 ★まちの植えこみや山地などで見られます。暖地では年2回発生し、さなぎで越冬します。

成虫♂
開張46〜60mm

おしりの角の下には
白い線が走っている

本当の大きさ 30〜40mm

エビガラスズメ

◆日本全土 ♣サツマイモ、ヒルガオ(ヒルガオ科)、フジマメ(マメ科)、など ♥初夏〜秋 ★サツマイモの害虫として知られています。年2〜3回発生し、さなぎで越冬します。

成虫
開張80〜105mm

おしりの角はかっ色や
白色で、曲がっている

40%の大きさ 80〜90mm

おしりの角は先の部分だけ
小さく丸まっている

クロメンガタスズメ

◆本州、四国、九州、沖縄島 ♣ゴマ(ゴマ科)、トマト、ナス(ナス科)、キササゲ(ノウゼンカズラ科) ♥夏〜秋 ★近年、本州各地で見られるようになってきました。年数回発生します。

成虫♂
開張100〜125mm

70%の大きさ 80〜90mm

体の色は緑色や黄色、かっ色など

豆ちしき エビガラスズメのさなぎは、いもをほったあとのサツマイモ畑でよく見つかります。

シモフリスズメ

◆本州以南 ♣ゴマ（ゴマ科）、モクセイ（モクセイ科）、シソ（シソ科）など ♥初夏〜秋 ★夏の終わりごろ、まちの中でよく見られます。年2回発生し、さなぎで越冬します。

成虫♂

開張110〜130mm

クロスズメ

◆北海道〜九州 ♣アカマツ、クロマツ、エゾマツ、ゴヨウマツ、トドマツ、カラマツ（マツ科） ♥初夏〜秋 ★マツの枝にひそんで、葉を食べます。年2回発生し、さなぎで越冬します。

体の横は、2本の白い線をはさんで緑色

背中はかっ色

半分の大きさ 約65mm

成虫♂

開張60〜80mm

エゾシモフリスズメ

◆北海道〜九州 ♣ホオノキ、コブシ、オオヤマレンゲ（モクレン科） ♥夏〜秋 ★年1回発生し、さなぎで越冬します。

成虫♂

開張100〜120mm

おしりの角はまっすぐで、その下には黄色の線が走っている

上から見たところ

本当の大きさ 70〜75mm

豆ちしき スズメガの幼虫は、まわりとよく似た緑色やかっ色のものが多くいます。

コエビガラスズメ

◆本州、四国、九州 ♣イヌツゲ(モチノキ科)、イボタノキ(モクセイ科)など ♥初夏～秋 ★庭園のイヌツゲでよく見られます。暖地では年2回発生し、さなぎで越冬します。

約75mm

成虫

開張90～95mm

マツクロスズメ

◆北海道～九州 ♣カラマツ、アカマツ(マツ科) ♥夏～秋 ★カラマツのはえている山などで見られます。年1回発生します。

クロスズメのように、横に白い線がない

半分の大きさ 約60mm

成虫♂

開張60～72mm

オビグロスズメ

◆北海道～九州 ♣モミ(マツ科) ♥夏～秋 ★北海道のマツの木などで見られますが、本州ではとてもめずらしいです。年1回発生し、さなぎで越冬します。

成虫♂

開張50～75mm

約60mm

約70mm

成虫♂

開張50～60mm

ヒメサザナミスズメ

◆北海道～四国 ♣イボタノキ、ハシドイ、トネリコ(モクセイ科) ♥夏～秋 ★年1～2回発生します。

豆ちしき スズメガの幼虫のおしりの角は、さなぎになるとなくなります。

サザナミスズメ

◆北海道～九州、石垣島、西表島 ♣モクセイ、イボタノキ、トネリコ、ネズミモチ、ヒイラギ(モクセイ科) ♥初夏～秋 ★まちで見られます。年2回発生し、さなぎで越冬します。

成虫♂

開張50～80mm

上から見たところ

クロスキバホウジャク

◆北海道～沖縄島 ♣キヌタソウ、ヤエムグラ(アカネ科)、センノウ(ナデシコ科)など ♥初夏～秋 ★河川敷などの草地で見られます。年2回発生し、さなぎで越冬します。

成虫♂

開張約25mm

スキバホウジャク

◆北海道～沖縄島 ♣オミナエシ、オトコエシ、スイカズラ(スイカズラ科)、アカネ(アカネ科) ♥夏～秋 ★年2回発生し、さなぎで越冬します。

成虫♂

開張40～45mm

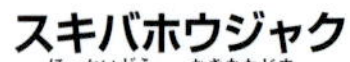

豆ちしき スキバホウジャクは、近年減少しています。

成虫♂

開張50〜70mm

頭のすぐ後ろに黄色いつぶがある

本当の大きさ 60〜65mm

オオスカシバ

◆本州以南 ♣クチナシ、コンロンカ(アカネ科)、ツキヌキニンドウ(スイカズラ科) ♥初夏〜秋 ★庭に植えられたクチナシでよく見られます。年2回発生し、さなぎで越冬します。

上から見たところ

成虫♂

開張70〜90mm

ブドウスズメ

◆日本全土 ♣ヤブカラシ、ブドウ、ツタ(ブドウ科)など ♥初夏〜秋 ★おどろくと頭を引っこめて、えらの張ったようなすがたになります。年2回発生し、さなぎで越冬します。

体の色は緑色のものとかっ色のものがいる

上から見たところ

75〜80mm

ホシホウジャク

◆日本全土 ♣ヘクソカズラ(アカネ科) ♥夏〜秋 ★道ばたや林のふちなどで見られます。年2回発生します。

成虫♂

開張40〜50mm

かっ色だけではなく緑色のものもいる

50〜55mm

クロホウジャク

◆日本全土 ♣ヒメユズリハ、ユズリハ(ユズリハ科) ♥春〜秋 ★幼虫にふれると、頭を背中側に反らします。年1〜2回発生し、成虫で越冬します。

成虫♂

開張50〜65mm

65〜75mm

体の色は緑色、かっ色、暗いかっ色など

気門のまわりは赤くなっている

豆ちしき オオスカシバの幼虫は、多くは緑色をしています。

背中には黄色の丸いもようがならぶ

70%の大きさ　60～70mm

イブキスズメ

◆北海道、本州 ♣カワラマツバ（アカネ科）、ヤナギラン（アカバナ科）など ♥初夏～夏 ★山地の日当りのよい草地で見られます。年1回発生し、さなぎで越冬します。

終齢幼虫の体の色は黄土色と黒色がある

成虫

開張60～85mm

ベニスズメ

◆日本全土 ♣オオマツヨイグサ（アカバナ科）、ホウセンカ（ツリフネソウ科）など ♥初夏～秋 ★庭にあるホウセンカでよく見つかります。年2回発生し、さなぎで越冬します。

体の色は赤かっ色のものがほとんどだが、まれに緑色のものがいる

成虫♂

開張55～65mm

上から見たところ

半分の大きさ　75～80mm

頭の後ろに目玉もようが4つついている

かっ色のものと緑色のものがいる

目玉もようは黄色の丸の中に青色が入っている

コスズメ

◆日本全土 ♣オオマツヨイグサ（アカバナ科）、ツタ（ブドウ科）など ♥初夏～秋 ★ツタのある庭などでよく見られます。年2回発生し、さなぎで越冬します。

成虫♂

開張55～70mm

上から見たところ

40%の大きさ　75～80mm

豆ちしき　目玉もようのあるスズメガの幼虫は、まるでヘビの頭のように見えます。

セスジスズメ

◆日本全土 ♣ヤブカラシ(ブドウ科)、ホウセンカ(ツリフネソウ科)、テンナンショウ(サトイモ科)など ♥初夏〜秋 ★庭にあるホウセンカやツタでよく見つかります。年2回発生し、さなぎで越冬します。

体には目玉の形をした黄色や赤色のもようがならんでいる

成虫♂

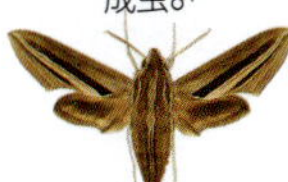

開張55〜70mm

上から見たところ

半分の大きさ 80〜85mm

キイロスズメ

◆日本全土 ♣ヤマノイモ(ヤマノイモ科)など ♥夏〜秋 ★明るい林や林のふちで見られます。年2回発生し、さなぎで越冬します。

おしりの角は短く、腹側に曲がっている

白く小さなもようが頭の後ろにある

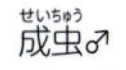

成虫♂

開張80〜100mm

上から見たところ

半分の大きさ 90〜100mm

ビロードスズメ

◆本州、四国、九州 ♣カワラマツバ(アカネ科)、ヘビノボラズ(メギ科)、ツタ(ブドウ科)など ♥夏〜秋 ★ヘビの目玉やうろこのようなもようがあります。年2回発生し、さなぎで越冬します。

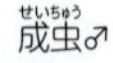

成虫♂

開張45〜60mm

体のまわりには、ヘビのうろこのようなもようがある

本当の大きさ 約75mm

豆ちしき セスジスズメの幼虫は、ホウセンカなどを食べつくしたあと、道を歩いていることがあります。

シャチホコガのなかまの幼虫

シャチホコガのなかま（シャチホコガ科）の幼虫は、上に反りかえる習性があるものが多くいます。そのようすが「鯱」に似ているので、このように名づけられました。

セダカシャチホコ

ヒメシャチホコ

◆北海道〜九州 ♣ハギ類（マメ科）、ナワシロイチゴ（バラ科）など ♥初夏〜秋 ★頭とおしりを背中側に反らせて静止するため、鯱のように見えます。年2回発生し、さなぎで越冬します。

前あしは短く、中あしと後ろあしが長い

体にたくさんの突起がある

成虫♂

開張36〜46mm

上から見たところ

半分の大きさ　約30mm

シャチホコガ

◆北海道〜九州 ♣カエデ科、ニレ科、カバノキ科、ブナ科、バラ科など ♥初夏〜秋 ★刺激を受けると、胸のあしを開いて振動させます。年2回発生し、さなぎで越冬します。

おしりのあたりが大きくふくらんでいる

本当の大きさ　約45mm

成虫♂

開張50〜65mm

プライヤアオシャチホコ

◆北海道～九州 ♣クヌギ、ウバメガシ(ブナ科) ♥初夏～秋 ★クヌギの木などで見ることができます。年2回発生し、さなぎで越冬します。

成虫♂

開張43～55mm

背中に赤い点がならぶ

頭は緑色の地に黄色の点がある

本当の大きさ 約40mm

ムラサキシャチホコ

◆北海道～九州 ♣オニグルミ(クルミ科)など ♥初夏～秋 ★後ろあしは細長い角状になっていて、長くて黒い毛がはえています。年2回発生し、さなぎで越冬します。

細長い角のような形の後ろあし

腹は黄緑色で、背中のあたりは赤かっ色

頭は大きくふくらんでいて、1対の突起がある

本当の大きさ 約40mm

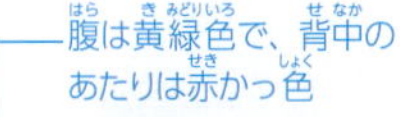

成虫♂

開張50～55mm

ホソバシャチホコ

◆北海道～九州 ♣ミズナラ、コナラ、クヌギ、アラカシ(ブナ科) ♥夏～秋 ★平地から山地まで見られます。年2回発生し、さなぎで越冬します。

成虫♂

開張45～50mm

体の色はあわいかっ色で、白色や黄色などの線やもようがたくさん入っている

頭の後ろは緑色

本当の大きさ 約40mm

豆ちしき 「鯱」は名古屋城の金の鯱で有名です。頭はトラ、体は魚という、伝説上の動物です。

フタジマネグロシャチホコ

◆北海道～九州 ♣サワフタギ（ハイノキ科） ♥夏～秋 ★年2回発生し、前蛹で越冬します。

成虫♂
開張40～45mm

体の横にピンク色の線が走っていることが多い

本当の大きさ 23～35mm

ムクツマキシャチホコ

◆本州、四国、九州 ♣アキニレ（ニレ科）、ムクノキ（アサ科） ♥夏～秋 ★幼虫は多くは集団でいます。年1回発生し、さなぎで越冬します。

体の横に黄色の線がある

本当の大きさ 約45mm

成虫♂
開張60～71mm

成虫♂
開張45～50mm

体から黄白色の毛がはえている

本当の大きさ 約50mm

モンクロシャチホコ

◆北海道～九州、伊豆諸島 ♣ヤマザクラ、オオシマザクラ、ナシ、ズミ、ビワ（バラ科）など ♥夏～秋 ★サクラに集団発生します。年1回発生し、さなぎで越冬します。

豆ちしき　モンクロシャチホコの幼虫は、「サクラ毛虫」ともよばれます。

カバイロモクメシャチホコ

◆北海道～九州 ♣サクラ類、ズミ(バラ科) ♥初夏～夏 ★先の赤いとげが背中に3つあります。年1回発生し、卵で越冬します。

成虫♂

開張53～66mm

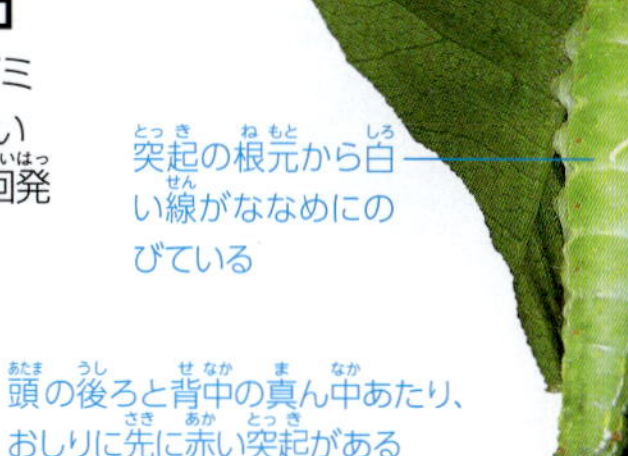

突起の根元から白い線がななめにのびている

頭の後ろと背中の真ん中あたり、おしりに先に赤い突起がある

本当の大きさ 約40mm

クビワシャチホコ

◆北海道～九州 ♣カエデ、ツタモミジ、モミジ(ムクロジ科)など ♥夏～秋 ★刺激を受けると、頭を背中側に反って赤い胸のあしを見せます。年2回発生し、さなぎで越冬します。

赤かっ色の気門の下に黄色の線が走っている

背中は少し青白い

本当の大きさ 約50mm

成虫♂

開張51～56mm

セダカシャチホコ

◆北海道～九州、奄美大島、沖縄島、石垣島、西表島 ♣コナラ、ミズナラ、クヌギ、アラカシ、アカガシ(ブナ科)など ♥夏～秋 ★年2回発生し、さなぎで越冬します。

成虫♂

開張65～80mm

気門とおしりの先は赤かっ色

頭は灰色がかった緑色で丸い

本当の大きさ 約50mm

豆ちしき セダカシャチホコの幼虫は、おどろくと、頭を上下左右にふります。

赤かっ色や黄かっ色の体に、黒くふくざつなもようが入っている

体全体に白い毛がまばらにはえている

本当の大きさ 約50mm

オオトビモンシャチホコ

◆北海道～九州、奄美大島、沖縄島 ♣ミズナラ、コナラ、クヌギ(ブナ科)など ♥初夏 ★集団発生して、食樹の葉を食べつくすことがあります。年1回発生し、卵で越冬します。

成虫♂

開張約45mm

タカオシャチホコ

◆北海道～九州 ♣エノキ(アサ科) ♥初夏～秋 ★エノキ以外の食樹は見つかっていません。年2回発生し、さなぎで越冬します。

成虫♂

開張46～48mm

頭からおしりまで、黄色と緑色のしまもようが走っている

気門は黒色で、そのまわりは黄色の線

本当の大きさ 約50mm

プライヤエグリシャチホコ

◆北海道～九州 ♣ケヤキ(ニレ科) ♥春～夏 ★平地や山地、まちの近くでも見られます。年2回発生します。

体の色は白みがかった緑色

本当の大きさ 約44mm

成虫♂

開張30～33mm

豆ちしき オオトビモンシャチホコの幼虫は、ある程度自然がある公園で見られます。

オオエグリシャチホコ

◆北海道～九州 ♣フジ、ハリエンジュ、エニシダ、エンジュ（マメ科）など ♥夏～秋 ★まちのフジやハリエンジュなどで見られます。年2回発生し、さなぎで越冬します。

成虫♂

開張51～70mm

気門のまわりには黄色の線が通り、その上下は深緑色

本当の大きさ 約45mm

アリに擬態するシャチホコガの小さな幼虫

下の写真は、ハギの葉にいるヒメシャチホコの幼虫です。長いあしをせわしなく動かし、ギシギシと動くようすは、まるでアリのようです。アリは自然界ではおそれられている昆虫です。アリにまちがわれると、おそわれることはありません。この幼虫は、アリがおしりの先から出す蟻酸を出します。

豆ちしき シロシャチホコ、バイバラシャチホコなどの幼虫も胸のあしが長く、おしりに突起があります。

ドクガのなかまの幼虫

ドクガのなかま（ドクガ科）の幼虫は、すべて毛虫です。なかには毒をもっているものや、美しい毛のはえた幼虫もいます。

本当の大きさ 35〜40mm

背中や気門のあたりに毛のたばがある

ななめ前向きに長い毛のたばが2本とび出す

マメドクガ ☀

◆北海道〜九州 ♣ダイズ、フジ（マメ科）、カイドウ（バラ科）、ケヤキ（ニレ科）など ♥ほぼ一年中 ★体毛をつづってまゆをつくります。年3回発生し、幼虫で越冬します。

成虫♂

開張29〜47mm

上から見たところ

リンゴドクガ

◆北海道〜九州 ♣リンゴ、サクラ（バラ科）、ヤナギ（ヤナギ科）など ♥初夏〜秋 ★刺激を受けると、体を丸めます。年2回発生し、さなぎで越冬します。

背中の頭の方に毛のたばが4つある

成虫♂

開張36〜60mm

まゆ

上から見たところ

本当の大きさ 30〜35mm

ブドウドクガ

◆北海道～九州 ♣ブドウ、ツタ(ブドウ科)、タマアジサイ(アジサイ科)など ♥初夏～秋 ★平地や山地で見られます。年2回発生します。

成虫♂
開張41～51mm

体全体が橙色の毛でおおわれている
本当の大きさ 35～40mm

スゲドクガ

◆北海道、本州 ♣ヨシ、スゲ類、ヒメガマ、マツカサススキ(イネ科) ♥春～夏 ★湿地で見られます。年2回発生します。

黒い毛のかたまりが頭から2本、おしりから1本出ている
70%の大きさ 40～45mm

成虫♂
開張31～39mm

マイマイガ

◆北海道～九州 ♣サクラ、リンゴ(バラ科)、クヌギ(ブナ科)など ♥初夏 ★若齢幼虫は糸をはってぶら下がるため、ブランコイモムシともよばれます。1齢幼虫には毒があります。年1回発生し、卵で越冬します。

頭には八の字の形に黒いもようがある
上から見たところ
40%の大きさ 55～70mm

成虫♂
開張45～93mm

豆ちしき 大発生して話題になる毛虫は、ほとんどがマイマイガの幼虫です。

ハラアカマイマイ

◆本州、四国、九州 ♣モミ、カラマツ（マツ科） ♥春〜初夏 ★モミやカラマツの害虫です。年1回発生し、卵で越冬します。

成虫♂

開張39〜65mm

背中が黄色で、ほかは黒い

本当の大きさ 30〜40mm

頭はかっ色で、長い毛のかたまりがある

カシワマイマイ

◆北海道〜九州、沖縄島 ♣カシワ、コナラ（ブナ科）、サクラ、リンゴ（バラ科）など ♥初夏〜夏 ★雑木林でよく見られます。1齢幼虫には毒があります。年1回発生し、卵で越冬します。

本当の大きさ 50〜55mm

成虫♂

開張44〜93mm

モンシロドクガ ✹

◆北海道〜九州 ♣ウメ、ナシ、サクラ、リンゴ（バラ科）、クヌギ、コナラ、クリ（ブナ科）など ♥ほぼ一年中 ★幼虫の体色は、黒色と黄色があります。年2〜3回発生し、幼虫で越冬します。

成虫♂

開張24〜39mm

2倍の大きさ 20〜25mm

体全体に黒かっ色の毛がはえている

豆ちしき 人間にとって毒がなくても、ほかの動物には毒がある幼虫もいるようです。

頭の色は橙色で、気門はかっ色

本当の大きさ 25〜30mm

チャドクガ ☀

◆本州、四国、九州 ♣チャ、ツバキ、サザンカ(ツバキ科) ♥春〜秋 ★ツバキ科に集団発生します。年2回発生し、卵で越冬します。

成虫♂

開張24〜35mm

ドクガ ☀

◆北海道〜九州 ♣サクラ類、バラ類、キイチゴ類(バラ科)、カキノキ(カキノキ科)、イタドリ(タデ科)など ♥秋〜初夏 ★集団発生します。年1回発生し、幼虫で越冬します。

成虫♂

開張25〜42mm

上から見たところ

70%の大きさ 35〜40mm

頭の後ろや体の真ん中あたりなどが橙色

キドクガ ☀

◆北海道〜九州 ♣ヤシャブシ(カバノキ科)、ヤマナラシ(ヤナギ科)、マンサク(マンサク科)など ♥初夏〜秋 ★各地でふつうに見られます。年2回発生し、幼虫で越冬します。

成虫♂

開張25〜38mm

上から見たところ

80%の大きさ 約30mm

背中の2本の線と気門の下を通る線は橙黄色

豆ちしき たまに、ひなたぼっこをしているドクガの幼虫を見ることがあります。

ヒトリガのなかまの幼虫

ヒトリガのなかま（ヒトリガ科）は、コケガのなかまとヒトリガのなかまにわけられます。コケガのなかまの幼虫はコケを食べ、ヒトリガのなかまの幼虫はいろいろなものを食べます。

約20mm

成虫♂

開張22〜32mm

ヤネホソバ ✹

◆本州、四国、九州、奄美大島、西表島 ♣地衣類 ♥春〜秋 ★幼虫の針のような毛には毒があります。東京近辺では年3回発生し、さなぎで越冬します。

ヨツボシホソバ ✹

◆北海道〜九州 ♣地衣類 ♥秋〜夏 ★体毛をつづったあらいまゆをつくってさなぎになります。年1〜2回発生し、幼虫で越冬します。

半分の大きさ 約30mm

背中は灰白色で、その外側には黒い線が1本ずつ走っている

成虫♂

開張40〜48mm

ツマキホソバ ✹

◆本州、四国、九州 ♣地衣類 ♥春〜夏 ★平地や低い山などで見られます。年2回発生します。

背中に黒色とあわいかっ色のもようがある

成虫♂

開張30〜40mm

20〜30mm

カノコガ

◆北海道〜九州 ♣タンポポ類（キク科）、かれ葉 ♥春〜夏 ★平地から山地まで見られます。年2回発生し、幼虫で越冬します。

節ごとにもりあがりがあり、毛が出ている

本当の大きさ 約25mm

成虫♀

開張30〜37mm

毛の色は赤かっ色

成虫♂

開張40～46mm

半分の大きさ　約50mm

オビヒトリ

◆北海道～九州、沖縄島 ♣クワ(クワ科)など ♥春～夏 ★若齢幼虫は体の前と後ろに黒いもようがあります。年2回発生します。

シロヒトリ

◆北海道～九州 ♣スイバ(タデ科)、タンポポ類(キク科)、オオバコ(オオバコ科)など ♥秋～初夏 ★いろいろな草を食べます。年1回発生し、幼虫で越冬します。

成虫♂

開張60～78mm

背中の毛が黒いものもいる

半分の大きさ　約60mm

マエアカヒトリ

◆本州、四国、九州、沖縄島、石垣島、西表島 ♣ネギ(ヒガンバナ科)、ダイズ(マメ科)、トウモロコシ(イネ科)など ♥春～夏 ★畑で見られます。年2～3回発生し、幼虫で越冬します。

成虫♂

開張60～65mm

上から見たところ

40%の大きさ　45～50mm

ヒトリガ

◆北海道～九州 ♣クワ(クワ科)、ニワトコ(レンプクソウ科)、キク類(キク科)など ♥秋～初夏 ★山地の道路で歩くすがたを見ることがあります。年1回発生し、幼虫で越冬します。

成虫♂

開張48～60mm

体の横にかっ色の毛がある

半分の大きさ　約60mm

豆ちしき　ヒトリガのなかまの幼虫は、よく歩きます。せまいところで飼うと、さなぎになりません。

ヤガのなかまの幼虫

ヤガのなかま(ヤガ科)は多く、幼虫もいも虫型、毛虫型と、いろいろいます。畑の野菜などを食べる害虫になっているものもいます。

タイワンキシタアツバ

◆本州、四国、九州 ♣ヤブマオ、カラムシ、アカソ、ラミー、タイワントリアシ(イラクサ科) ♥春〜秋 ★平地から山地まで広く分布します。年2回発生します。

成虫♂

開張28〜35mm

節ごとに黒いこぶが2対ある

1.5倍の大きさ 約20mm

コフサヤガ

◆北海道〜九州、沖縄島、八重山列島 ♣クヌギ、ウバメガシ(ブナ科)、ヤマウルシ、ハゼノキ(ウルシ科)、フウ(フウ科)など ♥春〜夏 ★体の色が緑色のものもいます。年1〜2回発生し、成虫以外で越冬します。

成虫♂

開張約32mm

本当の大きさ 25〜30mm

ヒメエグリバ

◆本州以南 ♣アオツヅラフジ（ツヅラフジ科）♥一年中 ★アオツヅラフジの葉や樹皮でつくったまゆの中でさなぎになります。年3～4回発生し、幼虫で越冬します。

成虫♂

開張32～40mm

体の横に黄色や橙色、白色のもようがある

本当の大きさ 約35mm

マメキシタバ

◆北海道～九州 ♣クヌギ、アベマキ、ナラガシワ、コナラ、ミズナラ、カシワ、アラカシ（ブナ科）など ♥初夏 ★平地にあるブナ科の木の幹で見られます。年1回発生し、卵で越冬します。

成虫♂

開張41～48mm

背中に突起がたくさんついている

本当の大きさ 約60mm

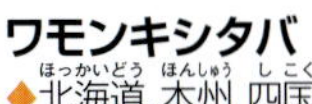

ワモンキシタバ

◆北海道、本州、四国 ♣スモモ、ズミ、ウメ、アンズ、サクラ類（バラ科）♥初夏 ★枝で静止して身をかくします。年1回発生し、卵で越冬します。

背中のやや後ろに大きな突起がある

本当の大きさ 55～60mm

成虫♂

開張50～63mm

豆ちしき ヤガは「夜蛾」と書きます。夜のガの意味です。

フシキキシタバ

◆本州、四国 ♣クヌギ（ブナ科）♥春～夏 ★昔はなかなかとれなかったため「不思議キシタバ」ともよばれました。年1回発生します。

成虫♂

開張50～60mm

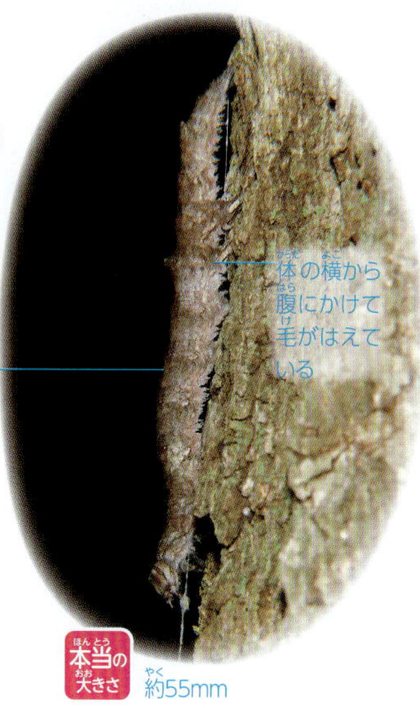

アサマキシタバ

◆北海道～九州 ♣クヌギ、アベマキ、コナラ、ミズナラ、カシワ、アラカシ（ブナ科）など ♥春～初夏 ★粉をふいたような白い体をしています。年1回発生し、卵で越冬します。

成虫♂

開張47～54mm

ナカグロクチバ

◆本州以南 ♣イヌタデ（タデ科）、ナンキンハゼ（トウダイグサ科）、ヒメミソハギ（ミソハギ科）など ♥春～秋 ★体を大きく曲げて移動します。

成虫♀

開張38～42mm

豆ちしき キシタバのなかまの幼虫は、多くは木の幹の皮によく似ています。

オオウンモンクチバ

◆北海道〜九州、沖縄 ♣フジ、エニシダ、ヌスビトハギ、クズ(マメ科)など ♥夏〜秋 ★葉を巻いてつくったまゆの中でさなぎになります。年2回発生し、さなぎで越冬します。

成虫♂
開張45〜50mm

本当の大きさ 約60mm

体の横には、黒色や白色、かっ色などの細い線が走る

アケビコノハ

◆日本全土 ♣ミツバアケビ(アケビ科)、アオツヅラフジ(ツヅラフジ科)、ヒイラギナンテン(メギ科)など ♥初夏〜秋 ★体を大きく曲げ、おしりを上げて静止します。年2回発生し、成虫で越冬します。

本当の大きさ 約75mm

体の色は暗いかっ色だが、緑色に近いこともある

体の前のほうに目玉もようが2対ついている

成虫♂
開張約90mm

豆ちしき ヤガ科の幼虫のなかには、シャクトリムシのような歩き方をするものがいます。

フクラスズメ

◆日本全土 ♣コアカソ、カラムシ、ヤブマオ、ラセイタソウ(イラクサ科)など ♥初夏～秋 ★草地や林のへりなどで見られます。秋にカラムシでよく見られます。年2回発生し、成虫で越冬します。

気門のまわりは赤くなっている

体の色が黄色のものや赤色のものもいる

成虫♂

開張75～80mm

上から見たところ

半分の大きさ 70～80mm

カキバトモエ

◆本州、四国、九州 ♣ネムノキ、フサアカシア、モリシマアカシア(マメ科) ♥初夏～秋 ★終齢幼虫は昼には食樹の根元で集団ですごし、夜にはのぼって葉を食べます。年2回発生し、さなぎで越冬します。

70%の大きさ 約70mm

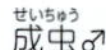

成虫♂

開張65～75mm

ハグルマトモエ

◆北海道～九州、奄美大島、石垣島、西表島 ♣ネムノキ(マメ科) ♥夏～秋 ★葉を巻いてまゆをつくります。年2回発生し(飼育では年3回)、さなぎで越冬します。

頭からおしりまで、細い黒い線が何本も走っている

70%の大きさ 60～70mm

成虫♂

開張55～75mm

豆ちしき フクラスズメの幼虫は、敵がくると、体をガシャガシャと動かして、おどします。

モクメクチバ

◆本州、四国、九州、沖縄島 ♣エノキ(アサ科) ♥春
★成虫は6月ごろ羽化し、翌年の春まで活動せずに越冬します。年1回発生します。

成虫♂
開張約45mm

体全体に黄緑色のふくざつなもようがある

体の横に細い黄緑色の線がある

40〜45mm

キクキンウワバ

◆北海道〜九州、沖縄島 ♣タンポポ、ハルジオン、ヨモギ(キク科)、ニンジン(セリ科)、オランダイチゴ(バラ科)など ♥初夏〜秋 ★道ばたや畑で見られます。年数回発生し、さなぎで越冬します。

頭の横に黒いもようがある

黒い点や白い点がちらばっている

本当の大きさ 35〜40mm

成虫♂
開張36〜39mm

キクキンウワバの成虫は、4〜11月ごろ見られます。

1.5倍の大きさ　約40mm

背中に突起がたくさんある

ウリキンウワバ

◆北海道〜九州、沖縄島 ♣ウリ科、ゴマノハグサ科、シソ科、アブラナ科、スイカズラ科、ゴマノハグサ科 ♥夏〜晩秋 ★畑の作物の害虫です。年数回発生し、幼虫で越冬します。

成虫♀

開張38〜42mm

シラホシコヤガ

◆北海道〜九州、奄美群島、沖縄島 ♣地衣類 ♥春 ★ソメイヨシノやスギなどの木の幹、墓石などの表面でよく見られます。年1回発生し、幼虫で越冬します。

成虫♂

開張約15mm

体中にコケがたくさんついている

2倍の大きさ　約20mm

トビイロトラガ

◆本州、四国、九州 ♣ツタ、ヤブガラシ、ブドウ（ブドウ科）など ♥初夏〜秋 ★庭にあるツタでよく見られます。年数回発生し、さなぎで越冬します。

成虫♂

開張約40mm

黒いもようがちらばっている

背中は白色で体の横は橙色

本当の大きさ　約40mm

豆ちしき　サルトリイバラなどのユリ科の植物では、派手な色のトラガの幼虫が見られます。

約35mm

成虫♂

開張32〜41mm

ケンモンミドリキリガ

◆北海道〜九州 ♣チドリノキ(ムクロジ科)、ヤマザクラ(バラ科) ♥春〜秋 ★年1回発生します。

キクセダカモクメ

◆北海道〜九州 ♣ゴマナ、ユウガギク、シラヤマギク、ヨメナ(キク科) ♥春〜夏 ★北海道から九州にかけてふつうに見られます。年2回発生し、さなぎで越冬します。

成虫♂

開張43〜50mm

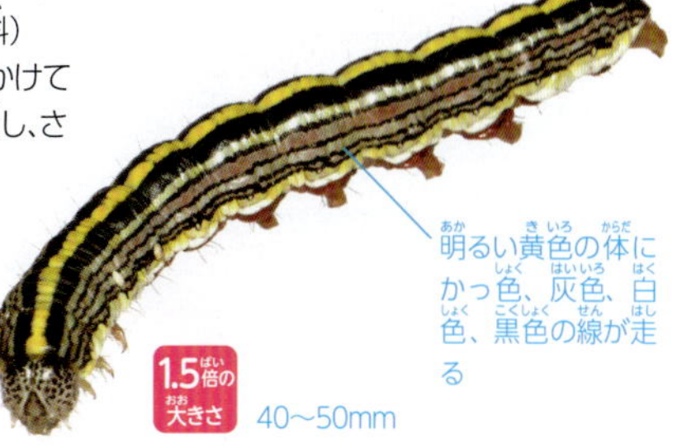

40〜50mm

オオシマカラスヨトウ

◆本州、四国、九州 ♣クヌギ、コナラ(ブナ科)、エノキ(アサ科)、ヤナギ(ヤナギ科)など ♥春〜初夏 ★いろいろな樹木で見られます。年1回発生し、卵で越冬します。

約40mm

成虫♂

開張57〜60mm

豆ちしき ケンモンミドリキリガは、昔、「ミドリケンモン」とよばれていました。

背中に短い黄色の毛がある

本当の大きさ 約50mm

オオケンモン

◆北海道〜九州 ♣リンゴ、スモモ(バラ科)、カエデ(ムクロジ科)、ヤナギ(ヤナギ科)、アカシア(マメ科) ♥初夏〜秋 ★まちの中や庭などで見られます。年2回発生し、さなぎで越冬します。

成虫♂

開張55〜65mm

背中の真ん中あたりに黄白色のもようがいくつもある

本当の大きさ 約35mm

マルモンシロガ

◆北海道〜九州 ♣オニグルミ、サワグルミ(クルミ科)、サワシバ(カバノキ科) ♥夏〜秋 ★オニグルミなどの葉の裏で見られます。年2回発生します。

成虫♂

開張32〜40mm

オオタバコガ

◆日本全土 ♣トウモロコシ(イネ科)、オクラ(アオイ科)、カキノキ(カキノキ科)、キャベツ(アブラナ科)など ♥春〜秋 ★畑やまちの中で見られます。田畑の害虫として知られています。年数回発生し、さなぎで越冬します。

体の色は緑色から橙色までさまざま

成虫♂

開張29〜39mm

上から見たところ

本当の大きさ 約35mm

豆ちしき オオタバコガの幼虫は、植物だけでなく、そこにいるほかの虫も食べます。

本当の大きさ 約35mm

ウスオビヤガ

◆北海道～九州 ♣オニグルミ(クルミ科)、キリ(キリ科) ♥夏 ★クルミの害虫として知られています。年1回発生し、さなぎで越冬します。

成虫♂

開張32～36mm

ヨトウガ

◆北海道～九州 ♣タデ科、マメ科、アブラナ科、ナス科、キク科、ウリ科、セリ科、ヒルガオ科など ♥初夏～秋 ★畑の作物の害虫です。年2回発生し、さなぎで越冬します。

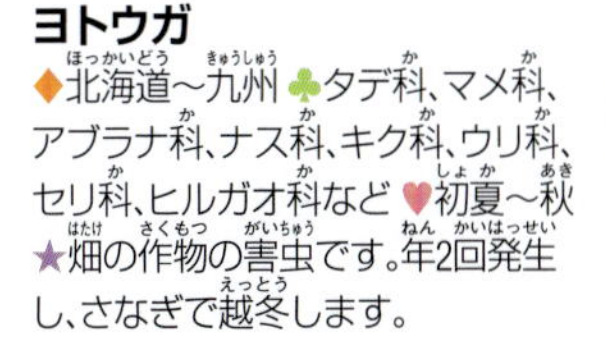

成虫♀

開張39～49mm

上から見たところ

本当の大きさ 約40mm

シロシタヨトウ

◆北海道～九州 ♣キャベツ(アブラナ科)、ホウレンソウ(ヒユ科)、ソバ(タデ科)、ダイズ(マメ科)など ♥初夏～秋 ★畑の作物の害虫です。年2回発生し、さなぎで越冬します。

成虫♂

開張35～46mm

体の横に白い点線が走る

2倍の大きさ 約45mm

豆ちしき ヨトウガの幼虫は、夜に野菜を食べ、日中には見えなくなることから、「夜盗虫」といわれています。

スギタニキリガ

◆北海道～九州 ♣コナラ、クヌギ(ブナ科)、サクラ類(バラ科)、カラマツ(マツ科) ♥初夏 ★成虫は春先に見られます。年1回発生し、さなぎで越冬します。

成虫♂
開張45～54mm

本当の大きさ 40～45mm

本当の大きさ 約40mm

スモモキリガ

◆北海道～九州 ♣サクラ、ウメ、スモモ、リンゴ(バラ科)など ♥春 ★葉を二つ折りにして巣をつくります。年1回発生し、さなぎで越冬します。

成虫♂
開張40～45mm

チャイロキリガ

◆北海道～九州 ♣リンゴ(バラ科)、カキノキ(カキノキ科)、カシ類(ブナ科)、エノキ(アサ科)など ♥初夏 ★葉の裏で、体を横に曲げて静止します。年1回発生し、さなぎで越冬します。

成虫♂

開張35～44mm

本当の大きさ 40～45mm

豆ちしき 「キリガ」と名のつくガには、寒い早春や晩秋に成虫が出てくるものがいます。

1.5倍の大きさ 約40mm

頭のすぐ後ろが黒くなっている

ハンノキリガ

◆北海道～九州 ♣カシワ、コナラ、ミズナラ(ブナ科) ♥春～秋 ★成虫は、冬を越して翌年の5月ごろまで見られます。年1回発生します。

成虫♀

開張37～40mm

ウスミミモンキリガ

◆北海道～九州 ♣ハンノキ(カバノキ科)など ♥初夏～秋 ★林や湿地などで見られます。年1回発生し、成虫で越冬します。

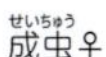

成虫♀

開張40～45mm

体の色は黒かっ色

本当の大きさ 45～50mm

ヨスジノコメキリガ

◆本州、四国、九州 ♣サクラ類(バラ科)、シラカンバ(カバノキ科)、ケヤキ(ニレ科)など ♥春 ★成虫は、冬を越して翌年の4月ごろまで見られます。年1回発生します。

本当の大きさ 35～40mm

黒くてつやつやした体の色をしている

成虫♂

開張37～40mm

豆ちしき 「キリガ」と名のつくガは、ひとつのまとまったグループではありません。

ミツボシキリガ

◆本州、四国、九州 ♣エノキ（アサ科） ♥春〜初夏 ★葉を二つ折りにして巣をつくります。年1回発生し、成虫で越冬します。

成虫♂

開張35〜39mm

気門のまわりは黒色

背中に白い線が走り、そのあいだには四角形の黒いもようがある

頭の色は赤色

本当の大きさ 35〜40mm

アオバハガタヨトウ

◆北海道〜九州 ♣ウラジロガシ（ブナ科）、サクラ類、リンゴ（バラ科）など ♥春 ★5月ごろに土の中でさなぎになります。年1回発生し、卵で越冬します。

体の横にはっきりとした白い線が走っている

本当の大きさ 約40mm

成虫♂

開張約40mm

シロスジアオヨトウ

◆北海道〜九州 ♣イヌタデ、ギシギシ（タデ科） ♥初夏〜秋 ★土の中でさなぎになります。年2回発生し、さなぎで越冬します。

成虫♂

開張45〜50mm

おしりに橙色のもようがある

本当の大きさ 40〜45mm

豆ちしき ヤママユガ科とヤガ科のガでは、多くの植物を食べることができる幼虫がとくに多いです。

35〜40mm

アワヨトウ

◆日本全土 ♣イネ、トウモロコシ(イネ科)、ダイコン(アブラナ科)、サツマイモ(ヒルガオ科)など ♥春〜夏 ★イネ科の作物をあらす害虫です。年4〜5回発生し、成虫、さなぎ、幼虫で越冬します。

成虫♂
開張36〜42mm

ハスモンヨトウ

◆日本全土 ♣トマト(ナス科)、ダイズ(マメ科)、ネギ(ヒガンバナ科)、カーネーション(ナデシコ科)など ♥夏〜秋 ★畑の作物をあらす害虫です。年数回発生し、休眠はしません。

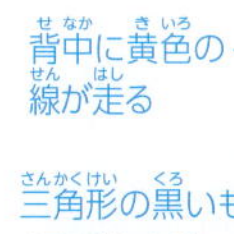

成虫♂
開張37〜40mm

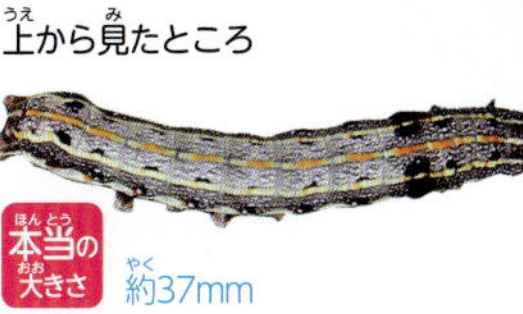

約37mm

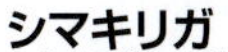

シマキリガ

◆北海道〜九州 ♣エノキ(アサ科) ♥初夏 ★葉をつづって巣をつくります。年1回発生し、卵で越冬します。

30〜40mm

成虫♂
開張約27mm

豆ちしき ハスモンヨトウは寒さに弱く、寒い地域では野外で越冬できません。

ニレキリガ

◆北海道、本州、九州 ♣エノキ（アサ科）、ケヤキ、ニレ（ニレ科）♥春 ★葉の先をつづって巣をつくります。年1回発生し、卵で越冬します。

本当の大きさ 約35mm

体の横にはっきりとした白い線をもつものが多い

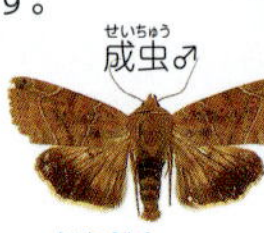

成虫♂

開張約32mm

シラオビキリガ

◆北海道、本州 ♣クヌギ、アベマキ、コナラ、アラカシ、カシワ（ブナ科）など ♥春～初夏 ★中齢幼虫までは葉をつづった巣の中で、終齢幼虫は葉の表にいます。年1回発生し、卵で越冬します。

体の横に半円の形をした黄色や白色のもようがある

本当の大きさ 32～36mm

成虫♂

開張約33mm

カブラヤガ

◆日本全土 ♣マメ科、イネ科、タデ科、アブナラ科、サトイモ科、アオイ科、ショウガ科、シソ科、セリ科など ♥初夏～秋 ★作物の根ぎわをかみ切る害虫です。「ネキリムシ」ともよばれます。年2回発生し、幼虫で越冬します。

体に小さな黒い点がならぶ

本当の大きさ 約40mm

頭の色はかっ色

成虫♂

開張38～40mm

豆ちしき カブラヤガの「カブラ」とは、アブラナ科の野菜の「カブ」のことです。

コウスベリケンモン

◆北海道〜九州 ♣ススキ(イネ科) ♥初夏〜秋 ★刺激を受けると、草から体を丸めて落ちます。年2回発生し、さなぎで越冬します。

成虫♂

開張39〜46mm

ハマオモトヨトウ

◆本州、四国、九州 ♣ハマオモト、ヒガンバナ、アマリリス、スイセン(ヒガンバナ科)など ♥春〜秋 ★若齢幼虫は葉にもぐって、葉を食べて成長します。

成虫♂

開張35〜44mm

フタトガリアオイガ

◆本州以南 ♣フヨウ、ムクゲ、アオイ、オクラ、ワタ、ハマボウ(アオイ科)など ♥初夏〜秋 ★庭などに植えられたフヨウの葉の上でよく見られます。年2回発生し、前蛹で越冬します。

成虫♂

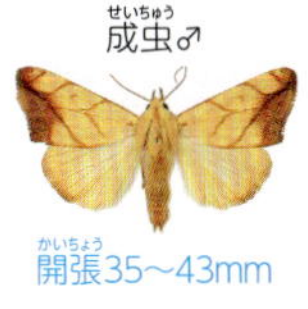

開張35〜43mm

豆ちしき　コウスベリケンモンの幼虫のように、危険がわかると、落ちて体を丸める幼虫は、多くいます。

小さいガのなかまの幼虫

小さなガのなかまの幼虫は、いろいろなところで見られます。葉が巻いて食べるものや虫こぶをつくって中を食べるもの、いろいろなところで、いろいろなものを食べています。

クロハネシロヒゲナガ

◆本州、四国 ♣若齢幼虫はネズミムギ（イネ科）、そのあとはかれ葉などを食べると考えられています ♥ほぼ一年中 ★年1回発生します。

かれ葉からつくったみのの中に入っている

成虫♂

開張約15mm

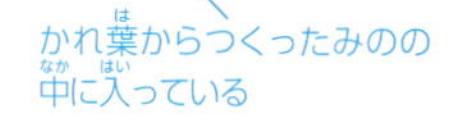

5倍の大きさ 約8mm

マダラマルハヒロズコガ

◆本州以南 ♣くち木、アリ類の幼虫 ♥春〜秋 ★クサアリモドキやトビイロケアリなどの巣に入ります。年1〜2回発生します。

みのの長さは約14mm

3倍の大きさ 約7mm

8の字の形をしたみのに入っていて、どの方向からでも頭を出すことができる

成虫♂

開張18〜27mm

イガ

◆本州、九州 ♣毛織物などのケラチンをふくむもの ♥一年中 ★毛織物などで平たく長いみのをつくります。年1回発生し、幼虫で越冬します。

オオミノガ

◆本州〜八重山列島 ♣ソメイヨシノ、ウメ(バラ科)、オニグルミ(クルミ科)、イチジク(クワ科)など ♥夏〜春 ★日本産の最大のミノガです。枝やかれ葉でみのをつくります。年1回発生し、幼虫で越冬します。

クロモンベニマルハキバガ

◆北海道〜九州 ♣ミズキ(ミズキ科)など ♥春 ★キバガのなかまで、植物の葉を食べます。年1回発生します。

豆ちしき イガにかぎらず、落ち葉や虫の死んだ体などを食べるものが、小さなガには多く見られます。

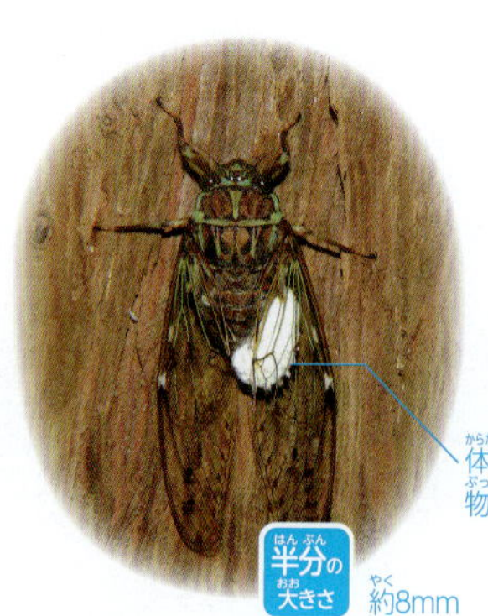

約8mm

セミヤドリガ

◆本州、四国、九州 ♣セミの体液 ♥夏 ★セミの体の表面に寄生して、セミの体液をすいます。1匹のセミに何匹も寄生していることがあります。年1回発生し、卵で越冬します。

成虫♀

開張9～20mm

イラガ ✹

◆北海道～九州 ♣クリ(ブナ科)、カキノキ(カキノキ科)、サクラ類、ウメ(バラ科)、ザクロ(ミソハギ科) ♥夏～秋 ★林やカキノキのある庭で見られます。年1～2回発生し、前蛹で越冬します。

成虫♂

開張約33mm

まゆ

背中に茶色のもようがあり、その真ん中に青紫色の線がある

黄緑色の枝分かれした突起が体中に何本もある

約25mm

アカイラガ ✹

◆北海道～九州 ♣クヌギ、クリ(ブナ科)、カキノキ(カキノキ科)、サクラ類(バラ科)、チャ(ツバキ科) ♥初夏～秋 ★平地から山地まで広く見られます。年2回発生し、前蛹で越冬します。

成虫♂

開張20～27mm

突起の先は赤くなっている

体の色は黄緑色ですきとおっているように見える

約18mm

豆ちしき イラガ科の幼虫には毒があります。

ヒロヘリアオイラガ ☀

◆本州、四国、九州、沖縄島 ♣サクラ類(バラ科)、カエデ類(ムクロジ科)、ケヤキ(ニレ科)、ザクロ(ミソハギ科) ♥初夏～秋 ★まちの中や林などで見られます。日本国外からもちこまれて広まったと考えられています。年2回発生し、さなぎで越冬します。

成虫♂

開張27～33mm

上から見たところ

本当の大きさ 約15mm

クロシタアオイラガ ☀

◆北海道～九州 ♣クヌギ、クリ(ブナ科)、サクラ、ウメ(バラ科)、カキノキ(カキノキ科)など ♥初夏～秋 ★食樹でふつうに見られます。年1～2回発生し、前蛹で越冬します。

突起には強い毒がある

背中の線は青く、その真ん中に赤色や黄色の細い線が走る

本当の大きさ 約18mm

成虫♂

開張23～29mm

ルリイロスカシクロバ

◆本州、九州 ♣ツタ、ヤブカラシ、ヤマブドウ(ブドウ科)など ♥初夏 ★庭にあるツタで大発生することがあります。年1回発生し、さなぎで越冬します。

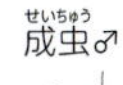

成虫♂

開張22～30mm

上から見たところ

本当の大きさ 約19mm

豆ちしき 最近、まちの中で、ヒロヘリアオイラガの幼虫を見かけることが多くなってきました。

ブドウスカシクロバ ☼

◆日本全土 ♣ブドウ、ヤマブドウ、エビヅル(ブドウ科)など ♥初夏〜夏 ★ブドウの害虫として知られています。年1回発生し、さなぎで越冬します。

成虫♂

開張20〜27mm

体の色はあわい黄色で、背中と体の横に黒くふちどられた線が走る

2倍の大きさ 約20mm

リンゴハマキクロバ ☼

◆北海道〜九州 ♣リンゴ、ナシ、サクラ、カイドウ(バラ科) ♥夏〜春 ★リンゴなどの害虫として知られています。年1回発生し、幼虫で越冬します。

本当の大きさ 約20mm

背中に黒い線が走り、横には黒いもようがならぶ

体全体から白くて短い毛が出ている

成虫♂

開張23〜30mm

ホタルガ ☼

◆北海道〜沖縄島 ♣ヒサカキ、サカキ(モッコク科)など ♥一年中 ★まちの中や林などで見られます。年2回発生し、幼虫で越冬します。

成虫♂

開張45〜60mm

上から見たところ

本当の大きさ 約25mm

灰色、黄色、黒色の線がしまもようをつくっている

豆ちしき ホタルガは、ヒサカキが街路樹として植えられていて、道路脇でも見ることができます。

オキナワルリチラシ ☀

◆本州以南 ♣ヒサカキ（モッコク科）、チャ（ツバキ科）、クロバイ（ハイノキ科）など ♥春～秋 ★刺激を受けると、体からにおいのある液を出します。本土では年1回、南西諸島では年2回以上発生します。本土では幼虫で越冬します。

成虫♂

開張60～70mm

上から見たところ

本当の大きさ 約25mm

シロシタホタルガ ☀

◆北海道～九州 ♣サワフタギ、クロミノニシゴリ（ハイノキ科） ♥初夏～夏 ★丘陵地や山地で見られます。年1回発生し、卵で越冬します。

背中に黄色のもようが2列ならぶ

体の横には赤いもようがならぶ

本当の大きさ 約25mm

成虫♂

開張50～55mm

シロシタホタルガの成虫は、6～7月ごろ見られます。

ミノウスバ

◆北海道～九州 ♣マサキ、ニシキギ、マユミ(ニシキギ科)など ♥春～初夏 ★庭の垣根や木に大発生することがあります。年1回発生し、卵で越冬します。

成虫♂

開張31～33mm

上から見たところ

約20mm

うすい黄色の体に黒い線が何本も走っている

ウスバツバメガ

◆本州、四国、九州 ♣サクラ、ウメ、スモモ(バラ科)など ♥初夏～夏 ★サクラの木に大発生することがあります。年1回発生し、幼虫で越冬します。

体の横からたくさんの黒く長い毛が出ている

背中、体の横、気門のあたりに黒い線が走る

本当の大きさ 約30mm

成虫♂

開張約60mm

ベニモンマダラ

◆北海道、本州 ♣クサフジ、ツルフジバカマ(マメ科) ♥夏～春 ★山地や寒い地域の草地で見られます。年1回発生し、幼虫で越冬します。

成虫♂

開張約30mm

本当の大きさ 約20mm

もりあがりから白い毛が出ている

もりあがりが体全体にある

豆ちしき ハマキガの「ハマキ」は「葉巻き」の意味です。幼虫が葉を巻くことから、名づけられました。

ビロウドハマキ

◆本州、四国、九州 ♣カエデ類(ムクロジ科)、チャ(ツバキ科)、カシ類(ブナ科)など ♥夏～春 ★公園などで見られます。年2回発生し、幼虫で越冬します。

成虫♂

開張34～59mm

毛の出る部分が黒く小さな点のようになっている

1.5倍の大きさ 約30mm

体の色は白色やあわい黄色

ナカアオフトメイガ

◆北海道～奄美群島 ♣バラ、ボケ(バラ科)、クリ、クヌギ(ブナ科)など ♥春～初夏 ★さまざまな木の葉をあらす害虫として知られています。

体の色はあわい黄白色

背中には黒いもようがならび、体の横には黒い線が走る

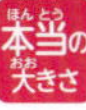

本当の大きさ 約30mm

成虫♂

開張30～35mm

トサカフトメイガ

◆本州以南 ♣オニグルミ(クルミ科)、ヌルデ、ハゼノキ(ウルシ科) ♥秋～初夏 ★食樹の葉に集まって食事をします。年1回発生し、幼虫で越冬します。

成虫♂

開張33～41mm

体は黒色や黒かっ色で、背中は橙色

本当の大きさ 約36mm

豆ちしき 昔、イネの害虫として「ニカメイガ」が有名でしたが、現在はほとんど見られません。

ナニセノメイガ

◆北海道～九州 ♣コマツナ、ハツカダイコン(アブラナ科)など ♥初夏～秋 ★アブラナ科の作物をあらす害虫です。年2回発生し、前蛹で越冬します。

成虫♂

開張23～29mm

ウドノメイガ

◆北海道～九州 ♣ウド(ウコギ科)、ニンジン、アシタバ(セリ科)など ♥ほぼ一年中 ★ウドやニンジンなどの害虫として知られています。年2～3回発生し、幼虫で越冬します。

成虫♂

開張20～30mm

アワノメイガ

◆本州、四国、九州 ♣トウモロコシ、アワ、キビ(イネ科)など ♥ほぼ一年中 ★トウモロコシなどの害虫として知られています。年2～3回発生し、幼虫で越冬します。

成虫♂

開張23～32mm

豆ちしき ガのなかまで「絵かき虫」になるのは、ホソガ科、チビモグリガ科などがいます。

絵かき虫

　ガのなかまの幼虫には、葉の中にもぐって、中から葉を食べるものがいます。その食べあとは、葉にかかれた絵のように見えます。

アカメガシワホソガの食べあと

　アカメガシワ（トウダイグサ科）の葉を食べます。食べあとは、白い水ぶくれのようなもようになります。

クルミホソガの食べあと

　クルミ（クルミ科）またはネジキ（ツツジ科）を食べます。幼虫は、葉の中で成長し、さなぎになります。

コハモグリガのなかまの食べあと

　白い線のような食べあとの中に、黒っぽいふんのあとが線状にのこります。

ハバチのなかまの幼虫

ハバチのなかまの幼虫は、「いも虫」型をしています。ガなどの幼虫にそっくりですが、腹にはあしが多くあります。

ニホンチュウレンジ

ニホンカブラハバチ

◆日本全土 ♣アブラナ科の野菜など ♥春〜秋 ★畑やアブラナが植えてある川原などで見られます。年数回発生します。まゆをつくり、その中で幼虫のまま越冬します。

成虫

体長約7mm

本当の大きさ 約15mm

腹のあしが8対ある

色が気持ち悪い黒で、「ナノクロムシ」とよばれている

ハグロハバチ

◆日本全土 ♣スイバ、ギシギシ(スイバ科)など ♥春〜秋 ★川の堤防や畑で見られます。年数回発生します。

体の色はうすい

腹の側面に黒いもようがついている

成虫

体長約8mm

上から見たところ

本当の大きさ 20〜24mm

ホシアシブトハバチ

◆本州、四国、九州 ♣エノキ類（アサ科） ♥初夏 ★成虫は年1回発生します。さなぎで越冬します。

アケビコンボウハバチ

◆本州、四国、九州 ♣アケビ（アケビ科） ♥初夏 ★平地から山地にすみます。年1回発生し、さなぎで越冬します。

ニホンチュウレンジ

◆本州、四国、九州 ♣バラ科の植物 ♥春～秋 ★庭のバラでよく見られます。年に何回も発生します。さなぎで越冬します。

コウチュウの幼虫をさがそう

コウチュウの多くの幼虫は、あしが6本です。あしが退化して、ないものもいます。

草むら

草むらの葉には、葉を食べるハムシの幼虫や、草につくアブラムシを食べるテントウムシの幼虫が見られます。

成虫

ナナホシテントウ

◆日本全土 ♣アブラムシ ♥早春～秋 ★成虫で越冬します。成虫もアブラムシを食べます。

成虫

コガタルリハムシ

◆本州、四国、九州 ♣スイバ、ギシギシ(タデ科)など ♥春 ★ハムシのなかまの幼虫は、葉を食べるものが多くいます。

成虫

ジンガサハムシ

◆北海道～九州 ♣ヒルガオ(ヒルガオ科)など ♥春～秋 ★成虫で越冬します。脱皮した皮を背中につけています。

家のまわりと畑

家のまわりや畑には、害虫になっているコウチュウの幼虫がいます。

成虫

ヤサイゾウムシ

◆日本全土 ♣アブラナ科、ナス科、セリ科、キク科など ♥冬 ★めすだけでふえます。成虫も幼虫もハクサイやコマツナなどの野菜の葉を食べる害虫です。

成虫

オオニジュウヤホシテントウ

◆北海道～九州 ♣ジャガイモ、ナス、ピーマン（ナス科）など ♥春～初夏 ★似たものにニジュウヤホシテントウがいます。成虫も幼虫も葉を食べる害虫です。

成虫

アオドウガネ

◆日本全土 ♣腐葉土、植物の根など ♥秋～春 ★幼虫で越冬します。一番多く見るコガネムシのなかまです。

林

林の木の葉でも幼虫は見つかりますが、ここでは地面やくち木で見られる幼虫を紹介します。くち木の中は、いろいろな幼虫が見られます。

マイマイカブリ

◆北海道～九州 ♣カタツムリなど ♥春～秋 ★地面を歩いて、カタツムリなどをさがします。

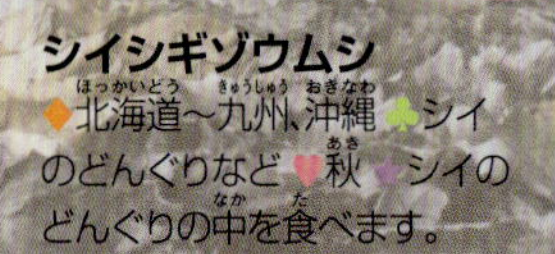

シイシギゾウムシ

◆北海道～九州、沖縄 ♣シイのどんぐりなど ♥秋 ★シイのどんぐりの中を食べます。

成虫

シロテンハナムグリ

◆日本全土 ♣腐葉土やくち木 ♥ほぼ一年中 ★まちの中の公園でも見られます。

クワガタムシ
♣くち木 ♥一年中 ★長い間、幼虫ですごします。写真はコクワガタの幼虫です。

キマワリ
◆北海道〜九州 ♣くち木 ♥冬 ★くち木に多くいます。幼虫で越冬します。

カブトムシ
◆北海道〜九州、沖縄諸島 ♣くち木、腐葉土 ♥秋〜初夏 ★くち木に多くいます。終齢幼虫(3齢)で越冬します。

幼虫を飼ってみよう！

チョウ目の幼虫は、育てて成虫にすることができます。なかにはむずかしいものもいますが、育てやすいものも多くいます。

飼ってみよう 1 幼虫を見つけたら

ビニルぶくろをもって、幼虫をさがしにいきましょう。毒のある幼虫かもしれないので、手でさわってはいけません。

※毒のある幼虫は、とってきてはいけません。

❶幼虫がいる葉や枝ごととってきます。幼虫を手でさわってはいけません。

❷幼虫がいる葉や枝ごとビニルぶくろなどに入れてもち帰ります。

❸幼虫が食べる葉がなくなったときのために、よぶんに葉をもって帰ります。

❹もち帰った葉は、少しぬれた新聞紙にはさみ、ビニルぶくろに入れます。それを冷蔵庫に入れます。

飼ってみよう 2

幼虫をもち帰ったら

世話をして大切に育てましょう。脱皮した頭のからや、成長記録をつけると、自由研究に使えます。

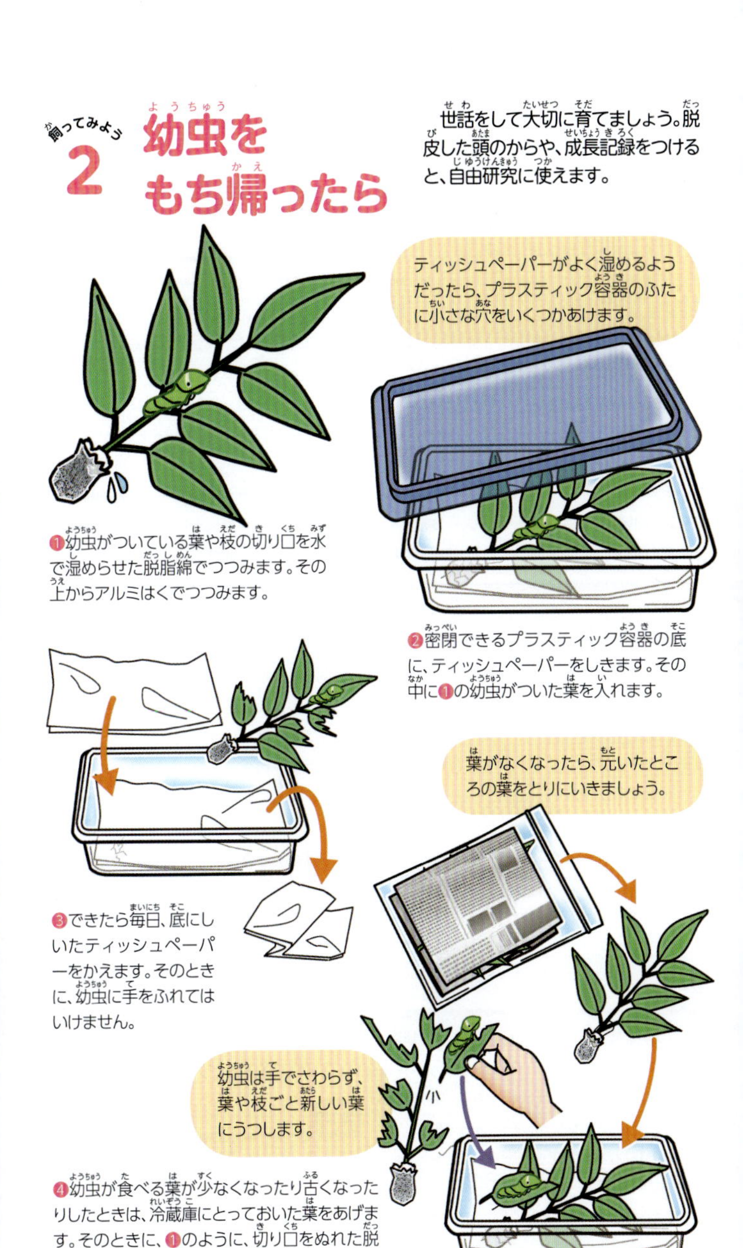

ティッシュペーパーがよく湿めるようだったら、プラスティック容器のふたに小さな穴をいくつかあけます。

❶幼虫がついている葉や枝の切り口を水で湿めらせた脱脂綿でつつみます。その上からアルミはくでつつみます。

❷密閉できるプラスティック容器の底に、ティッシュペーパーをしきます。その中に❶の幼虫がついた葉を入れます。

葉がなくなったら、元いたところの葉をとりにいきましょう。

❸できたら毎日、底にしいたティッシュペーパーをかえます。そのときに、幼虫に手をふれてはいけません。

幼虫は手でさわらず、葉や枝ごと新しい葉にうつします。

❹幼虫が食べる葉が少なくなったり古くなったりしたときは、冷蔵庫にとっておいた葉をあげます。そのときに、❶のように、切り口をぬれた脱脂綿とアルミはくでつつみます。

さくいん INDEX

※この本に出ている幼虫の名前が、アイウエオ順にならんでいます。種の解説があるページは、太字で表しています。

ア

イ

ウ

エ

この本を公園や雑木林などにもっていき、実際に見た幼虫を、さくいんの前の□にチェックし

オ

カ

キ

ク

ていこう。テレビや、ほかの本などで見た場合でもOK。あなただけのさくいんができるよ。

ケ

コ

サ

シ

ル

ワ

学研の図鑑
ライブポケット④
幼虫

2016年 5月 3日　初版発行
2022年11月14日　第7刷発行

発行人　土屋　徹
編集人　代田雪絵
発行所　株式会社Gakken
〒141-8416
東京都品川区西五反田 2-11-8
印刷所　図書印刷株式会社

NDC 486 192P 18.2cm

お客様へ
● この本に関する各種お問い合わせ先
本の内容については、下記サイトのお問い合わせフォームよりお願いします。
https://gakken-plus.co.jp/contact/
在庫については　Tel 03 - 6431-1197（販売部）
不良品（落丁、乱丁）については　Tel 0570-000577
学研業務センター　〒354-0045　埼玉県入間郡三芳町上富279-1
上記以外のお問い合わせは　Tel 0570-056-710（学研グループ総合案内）
■ 学研の書籍・雑誌についての新刊情報・詳細情報は、
https:// hon.gakken.jp/
※表紙の角が一部とがっていますので、お取り扱いには十分ご注意ください。

そのほかの昆虫の幼虫

この本では、見つけやすい幼虫や、見分けやすい幼虫をあつかいました。そのため、チョウ目と、コウチュウ目の一部、ハバチをのせました。

ここでは、それ以外の幼虫をしょうかいします。

木の中

木の中にもぐり、木を食べる幼虫がいます。

水の中

水の中にはトンボの幼虫やカゲロウの幼虫などがいます。ゲンジボタルなどの幼虫も水の中でくらします。